青少年信息学奥林匹克竞赛实战辅导丛书

程序设计与应用习题解析

（中学·C/C++）

曹文　秦新华　编著

东南大学出版社
·南京·

内容提要

本书面向信息学奥林匹克竞赛初学者，以程序设计技巧为主线，重在培养学生解决实际问题的能力。本书精选上百道信息学竞赛习题，深入浅出地贯穿了语法和常用算法，对提高参赛选手的综合实战能力起着极为重要的引导作用。

本书共 12 章：第 1 章概括性地介绍 C 语言的特点和程序的基本结构；第 2 章介绍一些计算机的基础知识；第 3 章介绍算法及算法的描述；第 4 章介绍数据类型、运算符和表达式；第 5 章介绍 C 语言中输入输出的实现；第 6、第 7 章分别介绍 C 语言的选择、循环两种结构及其在程序设计中的应用；第 8 章介绍数组的应用；第 9 章介绍函数及其应用；第 10 章介绍指针类型在程序设计中的应用；第 11 章介绍基本的数据结构及其应用；第 12 章介绍了穷举、回溯、贪心、动态规划等多种常用算法及其应用。

本书内容丰富、结构清晰、图文并茂，简明易懂，易于教师进行教学与读者自学。

图书在版编目(CIP)数据

程序设计与应用习题解析. 中学・C/C++/曹文，秦新华编著. —南京：东南大学出版社，2012. 1(2018. 10 重印)
(青少年信息学奥林匹克竞赛实战辅导丛书/沈军，李立新，王晓敏主编)
ISBN 978-7-5641-3177-7

Ⅰ. ①程… Ⅱ. ①曹…②秦… Ⅲ. ①C 语言-程序设计-题解-青年读物②C 语言-程序设计-题解-少年读物 Ⅳ. ①TP311. 1-49

中国版本图书馆 CIP 数据核字(2011)第 254643 号

东南大学出版社出版发行
(江苏省南京四牌楼 2 号　邮编 210096)
出版人：江建中
江苏省新华书店经销　　南京工大印务有限公司印刷
开本：787mm×1 092mm　1/16　　印张：11　　字数：282 千字
2012 年 1 月第 1 版　2018 年 10 月第 2 次印刷
ISBN 978-7-5641-3177-7
印数：3001—4000　　定价：25.00 元

前 言

在中国计算机学会的组织下，江苏省青少年科技中心已连续多年成功举办了全国信息学奥林匹克联赛(简称 NOIP)活动，数以十万计的青少年从中受益。在这么多年的联赛活动中，参与此项工作的老师与专家积累了许多宝贵经验，从1999 年起陆续撰写出版了两套青少年信息学奥林匹克竞赛丛书，包含初级、中级、高级本及全国青少年信息学奥林匹克联赛试题解析等。中国国家队总教练吴文虎教授在为丛书作序中写到“该套丛书注重了系统性、入门性与实用性，始终围绕编程实践，以算法分析为主线，讲思想、讲方法，侧重基础训练，引导学生在参与的实践中掌握科学思维方法，提高使用计算机的能力。”

根据活动普及与发展的需要及广大读者的强烈建议，江苏省青少年信息学奥林匹克竞赛委员会根据多年开展普及活动的经验，面向思维训练和实战应用，重新规划、设计和出版了本套丛书，其中《程序设计与应用(中学・C/C＋＋)》面向信息学奥林匹克竞赛初学者，以“程序设计技巧”为主线，重在培养学生解决实际问题的能力。本书是其相应的配套教材，通过精选数百个信息学竞赛试题，设计了相应的习题并给出算法分析和程序实现代码。本书对提高参赛选手的综合实战能力起着极为重要的引导作用。本书采用问题驱动方式进行编写，以程序实例为主导，将知识点融入实例，以实例带动知识点的学习，在巩固 C/C＋＋语言基本知识的同时，更注重渗透相应的程序设计技巧、常用算法以及具有实用价值的经典习题，使读者充分掌握 C/C＋＋语言的程序设计方法和程序设计技巧。

参加本书编写工作的有曹文、秦新华。全书由东南大学计算机学院沈军教授统一审稿。在本书的编著过程中，得到了江苏省常州高级中学杨宽、蒋哲君、陈爽同学的大力帮助，在此一并表示感谢。

希望广大读者在使用本套教材时提出宝贵意见和建议，以便进一步修改，使之日趋完善。

编　者

2011 年 6 月 8 日

目 录

C语言概论

1. 为什么说C语言的表达能力强？
2. C语言程序的基本结构是什么？C语言程序的main()函数主要作用是什么？

认识计算机

1. 什么是进位计数制(简称进制)？它有哪两个基本要素？两个基本要素的关系和作用是什么？
2. 计算机中为什么选择二进制？
3. 不同进制数之间的相互转换方法是怎样的？
4. 计算机硬件系统一般包括哪五个部分？它们的关系是什么？
5. 简单叙述计算机是如何工作的。

第3章 算法及算法的描述

一、基本知识

1. 什么是算法?
2. 算法有哪些性质?
3. 我们一般采用哪几种方法来描述算法?
4. N－S图包括哪三种基本结构?
5. 在循环结构的当型结构中,什么时候执行循环体?
6. 在循环结构的直到型结构中,什么时候不执行循环体?

二、选择题

1. 以下选项中不合法的用户标识符是（　　）

A. abc. c　　B. file　　C. Main　　D. PRINTF

2. 以下选项中不合法的用户标识符是（　　）

A. _123　　B. printf　　C. A$　　D. Dim

3. 可在C语言程序中用作用户标识符的一组标识符是（　　）

A. void　define　WORD　　B. as_b3　_123　If

C. For　－abc　case　　D. 2c　DO　SIG

4. 以下叙述中正确的是（　　）

A. 在C语言程序中无论是整数还是实数,只要在允许的范围内都能准确无误地表示

B. C语言程序由主函数组成

C. C语言程序由函数组成

D. C语言程序由函数和过程组成

三、填空题

1. 函数体由符号______开始,用符号______结束。函数体的前面是______部分,其后是______部分。

2. C语言中的标识符可分为______、______和预定义标识符三类。

3. 评价一个算法的好坏我们主要通过______和______。

4. 判断一个数是不是奇数。

问题分析:已知输入的数A,所求的是这个数是不是奇数,我们用变量B来表示,

如果 B 为 1,则是;如果 B 为 0,则不是。

算法分析:

(1) 输入 A。

(2) 对 A 进行奇偶性判断,如果是奇数,则 B←1;否则,B←0。

(3) 输出 B 的值。

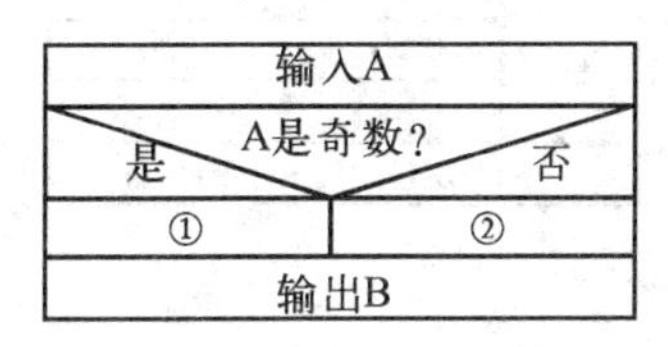

结果:① ________,② ________。

5. 从键盘上输入三个数,然后将最大数输出。

问题分析:已知三个数,我们可以用三个变量 A,B,C 来表示,所求的最大数可以用 MAX 来表示。

算法分析:

(1) 输入 A,B,C 三个数。

(2) 我们可以先将 A 赋给最大数,即 MAX←A。

(3) 比较 MAX 和 B 的大小,如果 B 大,则 MAX←B。

(4) 比较 MAX 和 C 的大小,如果 C 大,则 MAX←C。

(5) 输出 MAX 的值。

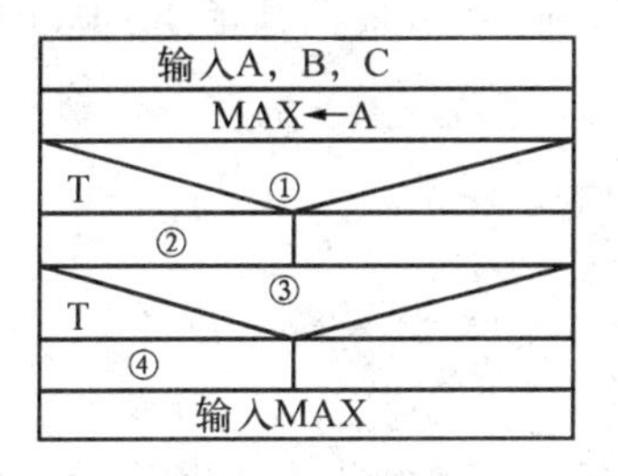

结果:① ________,② ________,③ ________,④ ________。

6. 读入一组数,遇零结束,打印出其中正、负数的个数及各自的总和。

问题分析:用变量 A 表示被读入的数,用变量 ZG、FG 分别表示正、负数的个数,用变量 ZH、FH 分别表示正、负数的总和。

算法分析:

(1) 变量赋初值,输入 A 的值。

(2) 如果 A=0,则转(5)。

(3) 如果 A>0,则 ZG←ZG+1,ZH←ZH+A;否则 FG←FG+1,FH←ZH+A。

(4) 输入 A,转(2)。

（5）输出变量的值。

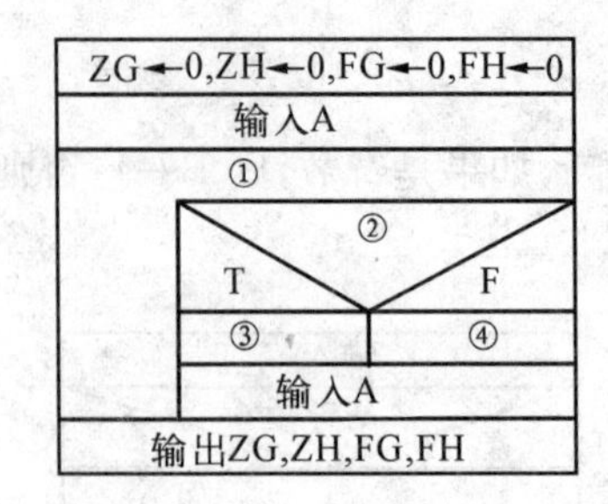

结果：①________，②________，③________，④________。

四、根据下面自然语言所描述的算法，画出它的 N－S 图

1. 输入三条边的边长，判断它能否构成一个三角形。

问题分析：我们已知三角形的任意两边之和大于第三边，因此我们只要判断三边的边长就可以得出结论。设三边边长分别为 A,B,C，结果 D＝TRUE，则表示能构成一个三角形；结果 D＝FALSE，则表示不能构成一个三角形。

算法分析：

（1）输入三边边长 A,B,C。

（2）如果 A＋B＞C 且 B＋C＞A 且 A＋C＞B，则 D←TRUE；否则 D←FALSE。

（3）输出 D 的值。

2. 求 1×2＋3×4＋5×6＋…＋(2N－1)×2N 的值。

问题分析：设已知 N，所求值为 S，根据题意使 I 从 1 变化到 N，且不断地将(2I－1)×2I 加入到 S 中。

算法分析：

（1）输入 N 的值，S←0，I←1。

（2）当 I≤N 时，S←S＋(2＊I－1)＊2＊I，I←I＋1。

（3）输出 S 的值。

3. 输入一个数，将该数反向输出(例：输入为 1673，则输出为 3761)。(注：DIV 为整除运算，MOD 为求余运算)

问题分析：设已知数为 A，所求的值为 B，根据题意即用 A 除以 10 后得到的余数(A 的最低位)取出加入 B 中，然后将 A 缩小 10 倍，重复这一步骤，直到 A 结束。

算法分析：

（1）输入 A 的值，B←0。

（2）当 A≠0 时，转(3)；否则，转(5)。

（3）B←B＊10＋A MOD 10。

（4）A←A DIV 10。

(5) 输出 B 的值。

五、分析下列框图,用自然语言描述其算法

求 A、B 的最小公倍数。

输入A，B
M←A*B
A MOD B!=0
A←B
B←A MOD B
输出M/B的商

分析:我们可以先求出它们的乘积即 M←A * B,然后再求出它们的最大公约数 B,最后用 M/B 即可求出最小公倍数。

六、画图题(用流程图画出下列各题的算法)

1. 输入长 a 和宽 b,输出长方形面积 S,请画出流程图。

2. 输入两个数,输出其中的大数。

3. 某航空公司对旅客随身携带的物品收费标准为:30 公斤以下(含 30 公斤)不收费,超出 30 公斤的部分每公斤收 20 元。

4. 求 N!(N! =1 * 2 * 3 * … * N)。

5. 判断 2000~2500 年中,哪些年份是闰年哪些年份是平年。

6. 判断 n 是不是素数。

7. 找出所有的“水仙花数”,所谓“水仙花数”是指一个三位数其各位数字的立方和等于该数本身。例如,153 是一个水仙花数,因为 $153=1^3+5^3+3^3$。

8. 一只小猴子有一天摘来一堆桃子。先吃掉一半,觉得不过瘾,就又多吃了一个;第二天,它吃了那堆桃子剩下的一半,又再多吃一个;第三天也是这样吃去剩下的一半桃子再加一个;以此类推,直到第十天,小猴子发现只剩一个桃子了。请问小猴子那天共摘了多少个桃子?

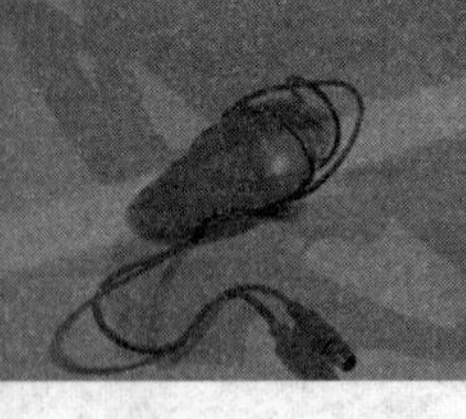

第4章 数据类型、运算符与表达式

1.【题目描述】

输入两个整数a,b,实现两个变量的交换,并且输出。

【输入格式】

一行两个整数a和b,用空格隔开。

【输出格式】

一行两个整数b和a,用空格隔开。

【样例】

输入:
1 2
输出:
2 1

2.【题目描述】

输入整数x,计算出$(x^3+x^2+x+1)^2$的值,并输出。

【输入格式】

一行一个整数x。

【输出格式】

输出表达式的值。

【样例】

输入:

1
输出：
16

3.【题目描述】

输入两个整数 a,b,计算出方程 ax+b=0 的解。

【输入格式】

一行两个整数 a 和 b,用空格隔开。

【输出格式】

一行一个整数,表示该方程的解。

【样例】

输入：
1 -2
输出：
2

4.【题目描述】

需要解决的问题和问题 1 相同,但是能否不借助于第 3 个变量?

【输入格式】

一行两个整数 a 和 b,用空格隔开。

【输出格式】

一行两个整数 b 和 a,用空格隔开。

【样例】

输入：
1 2
输出：
2 1

5.【题目描述】

读入一个字符 c，输出 c 的前驱和后继。

【输入格式】

一行一个字符。

【输出格式】

一行两个字符分别表示 c 的前驱和后继，用空格隔开。

【样例】

输入：
B
输出：
A C

6.【题目描述】

读入三个实数 a，b，c，输出三个数的平均数。

【输入格式】

一行三个实数 a，b，c，用空格隔开。

【输出格式】

一行一个实数，表示平均数，保留 3 位小数。

【样例】

输入：
3 5 7
输出：
5.000

7.【题目描述】

读入两个实数 a，b，输出以 a 为长、b 为宽的矩形的面积。

【输入格式】

一行两个实数 a,b,用空格隔开。

【输出格式】

一行一个实数,表示面积,保留三位小数。

【样例】

输入:
3 4
输出:
12.000

8.【题目描述】

输入两个整数 a,b,再输入一个实数 c,求以 c 为夹角,以 a,b 为边的三角形的面积。c 是弧度值。

【输入格式】

一行两个整数 a,b 以及一个实数 c,用空格隔开。

【输出格式】

一行一个实数,表示面积,保留两位小数。

【样例】

输入:
3 4 1.570796326
输出:
6.00

9.【题目描述】

输入一个圆的半径,输出这个圆的面积和周长。

【输入格式】

一行一个整数,表示半径。

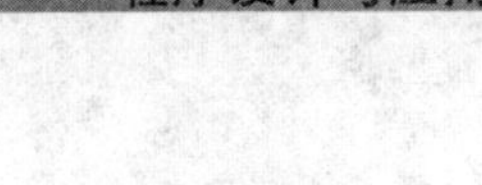

【输出格式】

一行两个实数，表示面积和周长，用空格分开，保留两位小数。

【样例】

输入：
1
输出：
3.14 6.28

10.【题目描述】

输入两个整数 a 和 b，输出 a 除以 b 的商和余数。

【输入格式】

一行两个整数 a 和 b，用空格隔开。

【输出格式】

一行两个整数，表示商和余数，用空格隔开。

【样例】

输入：
4 3
输出：
1 1

11.【题目描述】

输入一个四位数 n，倒序输出。

【输入格式】

一行一个整数 n。

【输出格式】

一行一个整数，n 倒序的结果。

【样例】

输入：
1234
输出：
4321

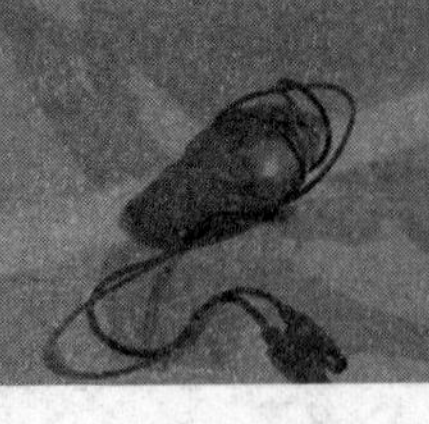

第5章 数据输入输出的概念及在C语言中的实现

1.【题目描述】

输出一个 3＊3 的全是由星号组成的矩阵。

【输出格式】

3＊3 的星号矩阵。

【样例】

输出：
```
***
***
***
```

2.【题目描述】

输入一个字符 c，输出 c 的 ASCII 码。

【输入格式】

一行一个字符 c。

【输出格式】

c 的 ASCII 码。

【样例】

输入：
A
输出：
65

3.【题目描述】

输入一个实数 a,输出这个实数。

【输入格式】

一行一个实数 a。

【输出格式】

a 保留三位小数。

【样例】

输入：
3.123456
输出：
3.123

4.【题目描述】

输入一个整数 a,输出这个整数,场宽为 10。

【输入格式】

一行一个整数 a。

【输出格式】

一行一个整数 a,场宽为 10。

【样例】

输入：
3
输出：
```
         3
```

5.【题目描述】

输出一个由星号组成的大写字母 A。

【输出格式】

由星号组成的A。

【样例】

输出：

```
        *
      *   *
    * * * * *
  *           *
*               *
```

第6章 选择结构程序设计

1.【题目描述】

输入三个数，分别用if语句和三目运算符求这三个数的最大值。

【输入格式】

一行三个100以内的整数，用空格隔开。

【输出格式】

一行一个整数，三个数的最大值。

【样例】

输入：
－12 23 －2
输出：
23

2.【题目描述】

输出一个由星号构成的三角形，第1行1个星号，第2行2个星号……第N行N个星号。

【输入格式】

一行一个整数N，表示星号三角形有N行(N＜＝10)。

【输出格式】

N行，第i行有i个星号。

【样例】

输入：

6

输出：

```
*
* *
* * *
* * * *
* * * * *
* * * * * *
```

3.【题目描述】

求二元一次方程 $ax^2+bx+c=0$ 在 1～8 之内的整数解。

【输入格式】

三个整数 a,b,c,为二元一次方程的三个系数,用空格隔开。

【输出格式】

方程在 1～8 之内的整数解。若存在多个解,则输出最小的一个。若不存在解,则输出－1。

【样例】

输入：

1 －9 14

输出：

2

4.【题目描述】

输入三个整数 a,b,c,将 b 的值给 a,将 c 的值给 b,再将原先 a 的值给 c,并输出结果。

【输入格式】

一行三个用空格隔开的整数,分别表示 a,b,c。

【输出格式】

一行三个用空格隔开的整数,分别表示变化后的 a,b,c 的值。

【样例】

输入：
-13 34 2897

输出：
34 2897 -13

5.【题目描述】

求一个长方形的周长是否大于等于其面积。

【输入格式】

一行两个用空格隔开的整数 a 和 b，分别表示长方形的长和宽。

【输出格式】

一行一个字符，其值取 Yes 或 No。

【样例】

输入：
4 6
输出：
No

6.【题目描述】

读入两个字符，若这两个字符的 ASCII 码之差是奇数，打印这两个字符的后继字符；否则打印它们的前趋字符。

【输入格式】

一行两个字符。

【输出格式】

一行两个字符。

【样例】

输入：

81
输出：
92

7.【题目描述】

输入 1～12 中的一个整数，输出这个数代表的月份的英文单词。

【输入格式】

一行一个整数 month(1<=month<=12)。

【输出格式】

一行一个字符串，数字对应月份的英文单词。

【样例】

输入：
8
输出：
August

8.【题目描述】

输入 a,b,c,d，输出 a^(b|(c & d))的结果。

【输入格式】

一行四个用空格隔开的整数，分别表示 a,b,c,d。

【输出格式】

一行一个整数要求的表达式的值。

【样例】

输入：
12 3 -9 4
输出：
11

9.【题目描述】

输入 a,b,输出表达式 $a^3+3\times a^2b+3ab^2+b^3$ 的值。

【输入格式】

一行两个用空格隔开的整数,分别表示 a,b。

【输出格式】

一行一个整数。

【样例】

输入:
234 34
输出:
19248832

10.【题目描述】

输入实数 a,b,c,输出二元一次方程 $ax^2+bx+c=0$ 的解,保留六位小数,若无解则输出"No solution"。

【输入格式】

一行三个用空格隔开的实数,分别表示 a,b,c。

【输出格式】

如果方程只有一个解,则输出一行一个实数。
如果方程有两个解,则输出两行,每行一个实数。
如果方程没有解,则输出"No solution"。

【样例】

输入:
9.4 2.3 −5.77
输出:
0.670627
−0.915308

11.【题目描述】

摄氏温度与华氏温度的转化公式为 c=5/9*(f-32),其中 c 为摄氏温度,f 为华氏温度。现读入其中一种计量单位的温度值,转化为另一种计量单位的温度值后输出,只取整数位。

【输入格式】

一行一个字符 c 或 f(表示摄氏温度或华氏温度)和一个整数,表示在该种计量单位下的温度值。字符和整数之间用一个或多个空格隔开。

【输出格式】

一行一个整数,表示在另一种计量单位下的温度值。

【样例】

输入:
c 56
输出:
132

12.【题目描述】

分别用两种方法交换两个变量的值:
(1) 允许使用第三个变量;
(2) 不允许使用其他变量。

【输入格式】

一行两个用空格隔开的整数,表示 a,b。

【输出格式】

一行两个用空格隔开的整数,分别表示交换后的 a 和 b 的值。

【样例】

输入:
90 -2389
输出:
-2389 90

13.【题目描述】

输入一个整数(0～100),输出它所在的档次:90～100,A档;80～89,B档;70～79,C档;60～69,D档;0～59,E档。分别用两种方法完成这个任务。

(1) 用 if 语句;

(2) 用 switch... case 语句。

【输入格式】

一行一个整数。

【输出格式】

一行一个字符。

【样例】

输入:
32
输出:
E

14.【题目描述】

输入年月,输出该年该月有多少天。

【输入格式】

一行两个用空格隔开的整数。

【输出格式】

一行一个整数。

【样例】

输入:
2011 2
输出:
28

第7章 循环控制

1.【题目描述】

用 for 语句求 1+3+5+…+97+99 的值。

【输出格式】

一行一个整数，表示题目所求的值。

【样例】

输出：
2500

2.【题目描述】

用嵌套 for 语句显示乘法九九表。

【输出格式】

1*1=1
2*1=2 2*2=4
3*1=3 3*2=6 3*3=9
4*1=4 4*2=8 4*3=12 4*4=16
5*1=5 5*2=10 5*3=15 5*4=20 5*5=25
6*1=6 6*2=12 6*3=18 6*4=24 6*5=30 6*6=36
7*1=7 7*2=14 7*3=21 7*4=28 7*5=35 7*6=42 7*7=49
8*1=8 8*2=16 8*3=24 8*4=32 8*5=40 8*6=48 8*7=56 8*8=64
9*1=9 9*2=18 9*3=27 9*4=36 9*5=45 9*6=54 9*7=63 9*8=72 9*9=81

3.【题目描述】

百钱百鸡问题。鸡翁一，值钱五；鸡婆一，值钱三；鸡雏三，值钱一。百钱买百鸡，问鸡婆、鸡翁、鸡雏各几?

【输出格式】

若干行,每行三个用空格隔开的整数来表示一组可能的鸡婆、鸡翁、鸡雏的数目。

4.【题目描述】

用 while 语句求 1+3+5+…+97+99 的值。

【输出格式】

一行一个整数,表示所要求的值。

【样例】

输出:
2500

5.【题目描述】

用 do... while 语句求 1+3+5+…+97+99 的值。

【输出格式】

一行一个整数,表示所要求的值。

【样例】

输出:
2500

6.【题目描述】

判断一个数是不是素数。
提示:用循环语句判断此数是否能被大于等于 2 的数整除,一旦能被一个数整除,就用 break 语句退出。

【输入格式】

一行一个整数 a(a≥2)。

【输出格式】

一行一个字符串"Yes"或"No",表示 a 是否是素数。

【样例】

输入：
2
输出：
Yes

输入：
4
输出：
No

7.【题目描述】

判断 N! 的结果是否大于 10000000。

【输入格式】

一行一个整数 N。

【输出格式】

若 N! 结果大于 10000000，则输出 -1；否则输出 N!。

【样例】

输入：
1
输出：
1

输入：
3
输出：
6

8.【题目描述】

求在 100～200 范围内不能被 3 整除也不能被 7 整除的数。

【输出格式】

若干行,每行一个整数,表示一个在 100～200 范围内不能被 3 整除也不能被 7 整除的数。

9.【题目描述】

用循环语句正向、逆向输出 26 个大写英文字母。

【输出格式】

第一行,一个字符串,从 A 到 Z。
第二行,一个字符串,从 Z 到 A。

【样例】

输出:
ABCDEFGHIJKLMNOPQRSTUVWXYZ
ZYXWVUTSRQPONMLKJIHGFEDCBA

10.【题目描述】

按下列公式求圆周率,精确到小数点后 6 位:

$$\frac{\pi}{4}=1-\frac{1}{3}+\frac{1}{5}-\frac{1}{7}+\cdots$$

【输出格式】

一行一个小数。

11.【题目描述】

求一个自然数 N 所有的约数。

【输入格式】

一行一个整数 N。

【输出格式】

若干行,每行一个整数,为 N 的一个约数。

【样例】

输入：
9
输出：
1
3
9

12.【题目描述】

找出满足下列关系的四位整数abcd(a>0)：(ab+cd)*(ab+cd)=abcd。

【输出格式】

若干行，每行一个整数，为一个符合条件的四位整数。

13.【题目描述】

求一个整数的各位数字之和。

【输入格式】

一行一个整数N。

【输出格式】

一行一个整数，表示整数N的各位数字之和。

【样例】

输入：
10000
输出：
1

输入：
98
输出：
17

14.【题目描述】

计算一个字符串中“A”或“a”出现的次数。

【输入格式】

一行一个字符串，长度不超过1000。

【输出格式】

一行一个整数，表示字符串中“A”或“a”出现的次数。

【样例】

输入：
afjioewrjDdoiejfaAAdfsjioewio
输出：
4

输入：
a
输出：
1

15.【题目描述】

求两个自然数m，n的最小公倍数。

【输入格式】

一行两个整数，分别表示m和n，0＜m，n＜＝10000。

【输出格式】

一行一个整数，表示m和n的最小公倍数。

【样例】

输入：
8 4
输出：
8

输入：

4 7

输出：

28

16.【题目描述】

用循环语句画出下列图形：

```
# # # # # # # # # # #
  # # # # # # # # #
    # # # # # # #
      # # # # #
        # # #
          #
```

数据组织与处理

1.【题目描述】

读入 n 个整数，计算每个整数与平均数之差，并将其倒序输出。

【输入格式】

第一行，一个整数 n。
第二行，n 个用空格隔开的整数。

【输出格式】

n 行，每行一个实数，分别为每个整数与平均数之差，保留 6 位小数。

【样例】

输入：
6
23 64 903 23 44 4564
输出：
3627.166667
—892.833333
—913.833333
—33.833333
—872.833333
—913.833333

2.【题目描述】

读入一串字符，统计其中每个字符重复出现的次数。

【输入格式】

一行，一个字符串，长度小于 100。

【输出格式】

若字符串中有P个不相同的字符,则输出P行。

每行输出一个字符c和一个数字num≥0,表示c这个字符出现过num+1次。字符和数字中间用一个空格隔开。字符按在原字符串中最早出现的位置排序。

【样例】

输入:
```
akiow345896#$89732kj
a 0
k 1
i 0
o 0
w 0
3 1
4 0
5 0
8 1
9 1
6 0
# 0
$ 0
7 0
2 0
j 0
```

3.【题目描述】

读入一个N×M的数字矩阵,将其行列互换后输出。

【输入格式】

第一行,两个用空格隔开的整数N和M(0<N,M<100),其中N表示行数,M表示列数。

后面N行,每行M个用空格隔开的整数,表示一个数字矩阵。

【输出格式】

M行,每行N个用空格隔开的整数,表示行列互换后的数字矩阵。

【样例】

输入：

```
2 4
1 2 3 4
5 6 7 8
```

输出：

```
1 5
2 6
3 7
4 8
```

4.【题目描述】

对于给定的 N×M 的数字矩阵，求每一行的最大值、每一列的最大值以及整个数字矩阵的最大值。

【输入格式】

第一行，两个用空格隔开的整数 N 和 M，其中 N 表示行数，M 表示列数。

后面 N 行，每行 M 个用空格隔开的整数，表示一个数字矩阵。

【输出格式】

第一行 N 个用空格隔开的整数，表示每一行的最大值。

第二行 M 个用空格隔开的整数，表示每一列的最大值。

最后一行，一个整数，表示整个数字矩阵的最大值。

【样例】

输入：

```
 4    4
32  -29     3   95
49   86   -39    2
19    2   355   66
-3 -353  -324  342
```

输出：

```
 95   86   355   342
 49   86   355   342
355
```

5.【题目描述】

打印输出如下的数字三角形(输出30行即可)：

```
1
1 1
1 2 1
1 3 3 1
1 4 6 4 1
1 5 10 5 1
…
```

6.【题目描述】

一个m×n的矩阵和一个n×k的矩阵相乘的结果是一个m×k的矩阵，且结果矩阵的元素(i,j)的值等于第一个矩阵第i行各元素与第二个矩阵第j列对应元素乘积之和。比如：

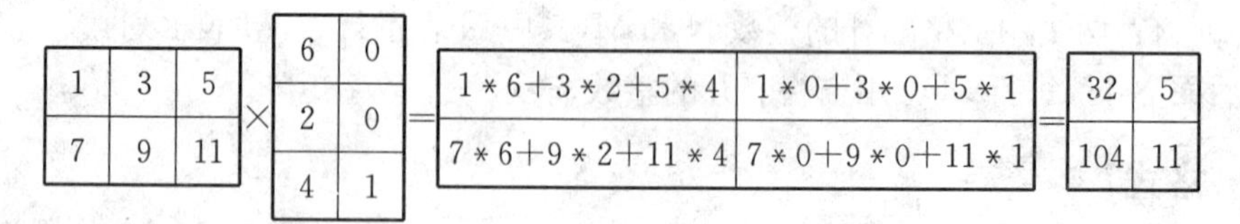

现有两个矩阵，输出这两个矩阵相乘后的结果。

【输入格式】

第一行，三个用空格隔开的整数m,n,k。

其后m行，每行n个整数，表示一个大小为m×n的矩阵。

最后n行，每行k个整数，表示一个大小为n×k的矩阵。

【输出格式】

m行，每行k个整数，表示两个矩阵相乘后所得的矩阵。

【样例】

输入：

2 3 2
1 3 5
7 9 11
6 0
2 0
4 1
输出：
32 5
104 11

7.【题目描述】

编写程序，将 1～n^2 按下面的方式分别填入 n×n 的表格中。

倒序填数

16	15	14	13
12	11	10	9
8	7	6	5
4	3	2	1

盘旋填数

1	2	3	4
8	7	6	5
9	10	11	12
16	15	14	13

蛇形填数

1	3	4	10
2	5	9	11
6	8	12	15
7	13	14	16

螺旋填数

1	2	3	4
12	13	14	5
11	16	15	6
10	9	8	7

【输入格式】

一行，一个整数 n。

【输出格式】

4×n 行，每行 n 个用空格隔开的整数。
每 n 行表示一种填数方法。按倒序、盘旋、蛇形、螺旋的次序输出。

【样例】

输入：
4
输出：
16 15 14 13
12 11 10 9
8 7 6 5
4 3 2 1

1 2 3 4
8 7 6 5
9 10 11 12
16 15 14 13
1 3 4 10
2 5 9 11
6 8 12 15
7 13 14 16
1 2 3 4
12 13 14 5
11 16 15 6
10 9 8 7

8.【题目描述】

读入 n 个随机数，分别使用选择排序、冒泡排序、插入排序三种算法对其排序，输出排序后的序列以及每个数字在原序列中的序号，体会排序算法的稳定性。

9.【题目描述】

读入 N(保证 N 为偶数)个数，输出偶数项及它们的和；输出奇数项及它们的平均数四舍五入后的整数部分。

【输入格式】

一行，N 个用空格隔开的整数。

【输出格式】

第一行，N/2 个用空格隔开的数，为所有在偶数序号位置上的数，最后输出“sum=”和一个整数，表示偶数项的和。

第二行，N/2 个用空格隔开的数，为所有在奇数序号位置上的数，最后输出“ave=”和一个整数，表示奇数项的平均值四舍五入后的整数部分。

【样例】

输入：
3 89 7 821 28 3 847 8 9 9

输出：
89 821 3 8 9 sum=930
3 7 28 847 9 ave=178

10.【题目描述】

读入一行 N 个整数(N<=100)，编程交换这行整数中任意指定两段连续的长度相等的不重合的数据。

【输入格式】
第一行，四个用空格隔开的整数 N、P1、P2 和 L，分别表示数字的个数、要交换的两段数据的起始位置和要交换的数字个数。
第二行，N 个用空格隔开的整数。

【输出格式】

一行，N 个用空格隔开的整数，为交换后的 N 个数字。

【样例】

输入：
8 1 5 3
3 8398 28 38 746 47 89 2
输出
746 47 89 38 3 8398 28 2

输入：
10 6 3 3
2 89 0 8 687 −24 278 83 −9999 3
输出：
2 89 −24 278 83 0 8 687 −9999 3

11.【题目描述】

给定一串整数数列，求出所有的递增或递减子序列的数目。
如序列 7,2,6,9,8,3,5,2,1，可分为(7,2)(2,6,9)(9,8,3)(3,5)(5,2,1)共 5 个子序列，则答案就是 5。

【输入格式】

第一行,一个正整数 N,表示整数数列的长度。

第二行,N 个用空格隔开的整数,表示整数数列。

【输出格式】

一行,一个整数,表示子序列的数目。

【样例】

输入:
9
7 2 6 9 8 3 5 2 1
输出:
5

12.【题目描述】

已知数组 a 中含 N 个整型元素,求 a 中有多少个最大数?多少个次大数?……多少个次小数?多少个最小数?另外,有多少个互不相同的数?

【输入格式】

第一行,一个正整数 N,表示元素个数。

第二行,N 个用空格隔开的整数,表示数组 a 中的元素。

【输出格式】

若数组 a 有 M 个互不相同的数,则输出 M+1 行。

第 1~M 行分别输出 a 中最大数的个数,次大数的个数……次小数的个数,最小数的个数。

第 M+1 行,输出 M,即互不相同的数的个数。

【样例】

输入:
22
7 8 98 −98 8735 64 32 78 97 −2323 7 5 −86 45 −433 3 4 3 −7676 3 3 3
输出:

1
1
1
1
1
1
1
1
2
1
1
5
1
1
1
1
1
17

13.【题目描述】

约瑟夫问题：N个人围成一圈，从第一个人开始报数，报到K的人出圈；再从下一个人开始报数，数到K的人出圈……依次输出出圈人的编号。

例如，N=8，K=6，依次出圈人为：6，4，3，5，8，7，2，1。

【输入格式】

一行，两个用空格隔开的正整数N和K。

【输出格式】

一行，N个用空格隔开的整数，表示出圈人的序列。

【样例】

输入：
8 6
输出：
6 4 3 5 8 7 2 1

第9章 函数

1. 字母转换

【问题描述】

小A正在看一本英文小说,可是他不喜欢看到大写字母,你能帮他把所有大写字母都改成对应的小写字母吗?

要求实现一个函数 char upperCaseToLowerCase(char ch),其中 ch 是任意一个大写字母,返回这个大写字母对应的小写字母。

【输入格式】

一行若干个字符,均为大写字母。

【输出格式】

一行若干个字符,为输入的大写字母对应的小写形式。

【样例】

输入:
ABC

输出:
abc

2. 倒序输出整数

【问题描述】

要求实现一个函数 void reverse(int x),其中 x 是任意一个正整数,返回这个整

数的倒序数。所谓倒序数，是指各位数字的顺序和原数完全颠倒的数，比如 56 的倒序数是 65，987 的倒序数是 789。

【输入格式】

一行一个正整数。

【输出格式】

一行一个正整数，输出的整数不忽略前导 0。

【样例】

输入：
1234567890

输出：
0987654321

3. 数字三角形

【问题描述】

小 A 最近在研究一些奇特的数字三角形，现在请你帮他输出一些数字三角形。

【输入格式】

一行一个整数 n。

【输出格式】

输出如下图案：

```
1
1 2
1 2 3
1 2 3 4 5
1 2 3 4 5… n−1 n
```

【样例】

输入：

5

输出：
1
1 2
1 2 3
1 2 3 4
1 2 3 4 5

4. 排序

【问题描述】

小 A 喜欢看到有序的数列，不喜欢看到无序的数列，所以请你帮他把数列排个序。小 A 为了简化这个问题，只会让你排序 3 个数。

要求：编写一个函数，对三个整数进行排序。

【输入格式】

一行 3 个用空格隔开的正整数 a，b，c。

【输出格式】

一行，a、b、c 这 3 数按从小到大排序，每两个数之间用空格隔开，行末没有空格。

【样例】

输入：
2 3 1

输出：
1 2 3

5. 最大公约数

【问题描述】

计算最大公约数，要求用函数实现，返回两个正整数的最大公约数。

两个正整数 a 和 b 的最大公约数是指最大的满足同时为 a 和 b 的约数的正整数。根据欧几里得辗转相除法，两个数 a、b 的最大公约数等于 a 和 a mod b 的最大公约数。

【输入格式】

一行两个正整数 a 和 b。

【输出格式】

一行一个正整数，a 和 b 的最大公约数。

【样例】

输入：
4 6

输出：
2

输入：
5 7

输出：
1

6. 级数求和

【问题描述】

编写一个函数，计算如下级数 sum=1/2+2/3+3/4+…+i/(i+1)

【输入格式】

一行一个正整数 i。

【输出格式】

一行一个实数 sum，精确到小数点后 6 位。

【样例】

输入：
2

输出：
1.166667

7. 计算平方根

【问题描述】

计算一个整数的平方根(sqrt 函数)。

对于一个数 num，其平方根可重复使用下面的迭代公式来逼近：

nextGuessf=(lastGuess+(num/lastGuess))/2

当 nextGuess 和 lastGuess 几乎相等时，nextGuess 就是近似平方根。计算开始时，可以随机猜测一个值作为 lastGuess 的初始值。

例如，计算 4 的平方根，首先猜一个答案 1，然后开始计算：(1+4/1)/2=2.5，(2.5+4/2.5)/2=2.05……最终可以得到 4 的平方根是 2。

【输入格式】

一行一个正整数 num。

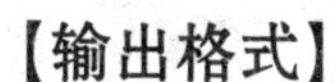

【输出格式】

一行一个实数 root,表示 num 的平方根,精确到小数点后 6 位。

【样例】

输入:
3

输出:
1.732051

输入:
7

输出:
2.645751

8. 判断素数

【问题描述】

判断一个数是不是素数。

素数是指一个除了 1 和它本身以外没有其他因子的数。特殊的是,1 不是素数。例如 2、3、5、7 都是素数,但是 6 不是,因为 6 有因子 2 和 3。

【输入格式】

一行一个正整数 n。

【输出格式】

如果 n 是素数,那么输出“Yes”;如果 n 不是素数,输出“No”。

【样例】

输入:
7

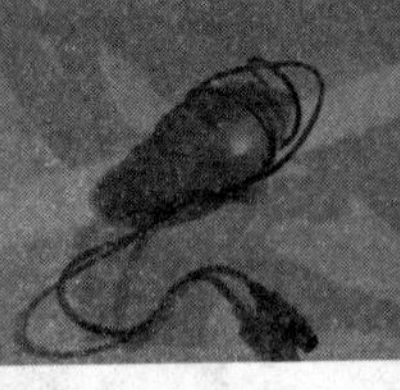

输出：
Yes

输入：
1

输出：
No

输入：
6

输出：
No

输入：
999983

输出：
Yes

9. 判断回文素数

【问题描述】

判断一个数是不是回文素数。回文素数是指正读、反读都是素数的数(注意：并不要求这个数正读、反读都是同一个数)。

【输入格式】

一行一个正整数 n。

【输出格式】

如果 n 是回文素数，那么输出“Yes”；如果 n 不是回文素数，输出“No”。

【样例】

输入：
7

输出：
Yes

输入：
73

输出：
Yes

输入：
89

输出：
No

10. 寻找孪生素数

【问题描述】

输出不超过 n 的所有孪生素数。孪生素数是指差为 2 的素数对。

【输入格式】

一行一个正整数 n。

【输出格式】

若干行，每行两个用空格隔开正整数，从小到大输出所有不超过 n 的孪生素数。

【样例】

输入：
17

输出：
3 5
5 7
11 13

输入：
19

输出：
3 5
5 7
11 13
17 19

11. 寻找梅森素数

【问题描述】

梅森素数是形如 2^p-1 的素数,其中 p 也是素数,输出幂次 p 不超过 n 的梅森素数。

【输入格式】

一行一个正整数 n。

【输出格式】

若干行,每行两个正整数 p 和 2^p-1,从小到大输出。

【样例】

输入：
7

输出：
2 3

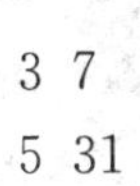

3 7
5 31
7 127

12. 计算标准差

【问题描述】

计算 n 个数的标准差。标准差是指所有数和它们的平均数之间的差的平方的平均数的平方根。简单地说，先求出这 n 个数的平均数，然后每个数分别与平均数作差再平方得到新的 n 个数，求出这新的 n 个数的平均数再开平方，得到的就是原数列的标准差。

【输入格式】

第一行一个整数 n。
第二行 n 个用空格隔开的整数，表示原始数列。

【输出格式】

一行一个实数 x，表示这 n 个数的标准差，精确到小数点后 3 位。

【样例】

输入：
5
1 2 3 4 5

输出：
1.414

13. 今天是星期几

【问题描述】

编写一个函数，输入年、月、日，返回是星期几。

【输入格式】

一行3个用空格隔开的正整数，分别表示年、月、日。

【输出格式】

一行一个字符串，输出那天是星期几(输出英文单词)。

星期一：Monday
星期二：Tuesday
星期三：Wednesday
星期四：Thursday
星期五：Friday
星期六：Saturday
星期日：Sunday

【样例】

输入：
2011 1 1

输出：
Saturday

输入：
2011 2 1

输出：
Tuesday

14.01 矩阵

【问题描述】

编写一个函数，判断一个矩阵是否只由0和1两个数字构成。

【输入格式】

第一行两个用空格隔开的正整数 n 和 m，表示矩阵的大小。

以下 n 行每行 m 个字符，都在“0”～“9”之间，表示矩阵中的元素。

【输出格式】

一行一个字符串。如果矩阵只有 0 和 1 两个数字，输出“Yes”；否则输出“No”。

【样例】

输入：

```
3 3
1 1 1
0 0 1
1 1 0
```

输出：

```
Yes
```

输入：

```
3 2
1 0
2 1
0 2
```

输出：

```
No
```

第10章 指针

1.【题目描述】

申请整数变量a和整数指针变量p，使得p指向a，即*p=a，且改变a的时候*p也会改变。

【输入格式】

一行三个整数x，y，z，用空格隔开。

【输出格式】

完成指向以后，给a赋值x，输出a和*p的值，用空格隔开。
然后给a赋值y，输出a和*p的值，用空格隔开。
最后给*p赋值z，输出a和*p的值，用空格隔开。

【样例】

输入：
1 2 3
输出：
1 1
2 2
3 3

2.【题目描述】

尝试用地址的加减来获得数组a里面的元素。（提示：其本质是和问题1一样的。）

【输入格式】

一行两个整数k和x，用空格隔开。

【输出格式】

对 a[k]赋值 x，输出 a[k]和 *(a+k)，用空格隔开。

对 *(a+k)赋值－x，输出 a[k]和 *(a+k)，用空格隔开。

【样例】

输入：

3 2

输出：

2 2

－2 －2

3.【题目描述】

尝试用指针变量 p 来表示数组 a，即 a[n]＝p[n]＝ *(p+n)＝ *(a+n)(可以看出数组标示 a 就是一个指针)。

【输入格式】

一行一个整数 n。

【输出格式】

对数组 a 的 0 到 n－1 号元素赋值 0 到 n－1，输出 p[0]到 p[n－1]。

对 p[0]到 p[n－1]赋值 n－1 到 0，输出 a[0]到 a[n－1]。

【样例】

输入：

3

输出：

0

1

2

2

1

0

4.【题目描述】

用指针变量 p 表示数组 a，指针变量 q 表示数组 b，尝试交换 p 和 q，可以发觉 p

表示了 b，而 q 表示了 a（a，b 必须是同类型的数组）。

【输入格式】

一行一个整数 n。

对数组 a 的 0 到 n−1 号元素赋值 1，数组 b 的 0 到 n−1 号元素赋值−1。

【输出格式】

n 行，每行两个整数表示数组 p 的元素和数组 q 的元素，用空格隔开。

【样例】

输入：
3
输出：
−1 1
−1 1
−1 1

5.【题目描述】

读入两个整数 a，b，然后调用函数 swap(a，b)来实现 a 和 b 的交换。

【输入格式】

一行两个整数 a，b，用空格隔开。

【输出格式】

输出交换以后的结果，用空格隔开。

【样例】

输入：
1 2
输出：
2 1

6.【题目描述】

读入整数 n，建立一个链表，按顺序储存数 1 到 n。

【输入格式】

一行一个整数 n。

【输出格式】

按顺序输出链表里面的数据,用空格隔开。

【样例】

输入:
5
输出:
1 2 3 4 5

7.【题目描述】

读入整数 n,建立一个链表,按顺序储存数 2 到 n－1,然后再在这个链表的开头和结尾插入 1 和 n 这两个元素。

【输入格式】

一行一个整数 n。

【输出格式】

按顺序输出链表里面的数据,用空格隔开。

【样例】

输入:
5
输出:
1 2 3 4 5

8.【题目描述】

读入整数 n,建立一个循环链表,储存数 1 到 n。

【输入格式】

一行一个整数 n。

【输出格式】

按顺序输出链表里面的数据，输出 20 个元素以后停止，用空格隔开。

【样例】

输入：
5
输出：
1 2 3 4 5 1 2 3 4 5 1 2 3 4 5 1 2 3 4 5

9.【题目描述】

给定约瑟夫问题中的 n 和 k，利用循环链表完成约瑟夫问题的模拟，输出最后留下的是几号。

【输入格式】

一行两个整数 n 和 k，用空格隔开。

【输出格式】

一行一个整数，表示最后留下的编号。

【样例】

输入：
5 2
输出：
3

10.【题目描述】

读入两个元素按升序排列的链表，把这两个链表合并成一个升序链表输出。

【输入格式】

第一行两个整数 N1、N2，表示两个链表的长度。

第二行 N1 个数表示第一个链表的数据，第三行 N2 个数表示第二个链表的数据，用空格隔开。

【输出格式】

输出 N1+N2 个元素，表示合并以后链表的数据。

【样例】

输入：
3 4
1 2 3
4 5 6 7
输出：
1 2 3 4 5 6 7

11.【题目描述】

读入一个整数 n，建立 1 到 n 的链表，然后删除里面所有的素数，构成新的链表。

【输入格式】

一行一个整数 n。

【输出格式】

输出所有的剩下的数。

【样例】

输入：
10
输出：
1 4 6 8 9 10

12.【题目描述】

读入一个字符串(到回车为止)，倒序输出这个字符串。

【输入格式】

一行一个字符串。

【输出格式】

倒序输出这个字符串。

【样例】

输入：
123456

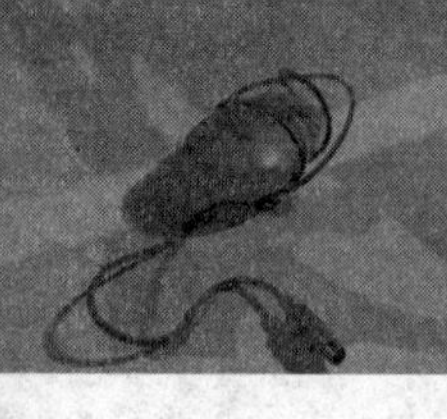

输出：
654321

13.【题目描述】

读入字符串，转化成整数后输出。

【输入格式】

一行一个字符串。

【输出格式】

字符串转化后的整数。

【样例】

输入：
123456
输出：
123456

14.【题目描述】

读入 n、m 和 n×m 的邻接矩阵，建立与之对应的邻接表。

【输入格式】

一行两个整数 n 和 m，下面是 n×m 的邻接矩阵。

【输出格式】

输出 n 行，每行表示与这个点连接的点的编号。

【样例】

输入：
3 3
1 1 0
1 0 1
0 1 0
输出：
1 2
1 3
2

基本数据结构及应用

1. 删除素数

【问题描述】

设单链表 h 中存有若干个整数，删除所有值为素数的结点。

【输入格式】

一行若干个正整数，表示单链表 h 中的元素，0 表示读入结束。

【输出格式】

一行若干个正整数，相邻两个数之间用空格隔开，表示删除了值为素数的点之后的单链表。

【样例】

输入：
1 2 3 4 5 6 7 8 9 0

输出：
1 4 6 8 9

2. 多项式加法

【问题描述】

使用单链表完成多项式加法。每一个点的结构中含有 2 个数据：这一项的指数 x 和次数 y。

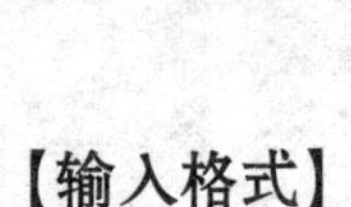

【输入格式】

若干行，每行两个整数 x 和 y，按照 x 的大小顺序排列。当 x=y=0 时表示第一个多项式输入完毕。按照上面的格式再输入第二个多项式的次数和指数。

【输出格式】

若干行，每行两个整数 x 和 y，按照 x 的大小顺序排列。y=0 的项不要输出。

【样例】

输入：

```
3 2
2 1
0 0
4 1
3 -1
2 -2
1 1
0 -3
0 0
```

输出：

```
4 1
3 1
2 -1
1 1
```

3. 数组模拟指针

【问题描述】

用数组模拟指针操作，完成在链表表尾的插入。

【输入格式】

一行若干个整数，表示要插入链表的数。

【输出格式】

本题没有输出，仅供读者练习数组模拟指针的操作。

4. 排序二叉树的插入

【问题描述】

完成一棵排序二叉树的插入，输出树中结点的个数。

【输入格式】

第一行一个正整数 n，表示要插入到排序二叉树中的数的个数。
第二行 n 个正整数，分别表示要插入到排序二叉树中的数。

【输出格式】

一行一个正整数 n，表示排序二叉树中的结点个数。

【样例】

输入：
7
1 2 3 4 5 6 7

输出：
7

5. 先序遍历

【问题描述】

已知一棵二叉树的中序遍历和后序遍历的结果，输出先序遍历结果。

【输入格式】

第一行一个字符串，表示一棵二叉树的中序遍历结果。

第二行一个字符串，表示一棵二叉树的后序遍历结果。

【输出格式】

一行一个字符串，表示这棵二叉树的先序遍历结果。

【样例】

输入：
DBEAFCG
DEBFGCA

输出：
ABDECFG

6. 括号序列

【问题描述】

如果一个由左括号和右括号组成的序列，每个左括号的右边都有唯一的一个右括号和它对应，并且对应不出现交叉的情况(例如1和3对应，2和4对应，这就是对应交叉；如果1和4对应，2和3对应，这就是对应不交叉)，那么我们说这样的括号序列是匹配的。判断一段括号序列是否匹配。

【输入格式】

一行一个字符串，只有左括号和右括号两种字符。

【输出格式】

如果括号序列是匹配的，输出“Yes!”；否则输出“No!”。

【样例】

输入：
(())

输出：
Yes!

输入：
()()()()(()())

输出：
Yes!

输入：
()(()))(

输出：
No!

7. 使用堆栈结构排序

【问题描述】

使用堆栈结构完成若干数据的排序。

【输入格式】

第一行一个整数 n,表示数据的个数。
第二行 n 个整数,表示待排序的数据。

【输出格式】

一行 n 个整数,表示从小到大排序后的数据。

【样例】

输入：
7
12 31 98 21 24 444 242

输出：
12 21 24 31 98 242 444

8. 排序二叉树

【问题描述】

使用排序二叉树结构对数组中元素排序。

【输出格式】

从小到大排序后的数组元素。

9. 中序遍历

【问题描述】

根据先序遍历和后序遍历算出中序遍历有多少种可能的情况。

【输入格式】

第一行一个字符串，表示一棵二叉树的先序遍历。
第二行一个字符串，表示一棵二叉树的后序遍历。

【输出格式】

一行一个整数 n，表示这棵二叉树的中序遍历有多少种可能的情况。

【样例】

输入：
ABC
CBA

输出：
4

10. 石子合并

【问题描述】

操场上放着 N 堆石子。每次佳佳都能将其中的任意两堆合并成一堆，但这需要消耗一定的体力，消耗的体力为两堆石子的数量之和。现在佳佳希望将所有石子合并成一堆，请你告诉他最多需要消耗多少体力可以将石子合并成一堆。

【输入格式】

第一行一个整数 n，表示石子的堆数。

第二行 n 个整数，表示每堆石子有多少个。

【输出格式】

一行一个正整数，表示佳佳最多需要消耗多少体力。

【样例】

输入：

3

1 2 9

输出：

23

第12章 常用算法介绍

1. 均分纸牌

【问题描述】

有N堆纸牌，编号分别为1,2,…,N。每堆有若干张，但纸牌总数必为N的倍数。可以在任一堆上取若干张纸牌，然后移动。

移牌规则为：在编号为1的堆上取的纸牌，只能移到编号为2的堆上；在编号为N的堆上取的纸牌，只能移到编号为N−1的堆上；其他堆上取的纸牌，可以移到相邻左边或右边的堆上。

现在要求找出一种移动方法，用最少的次数使每堆上纸牌数都一样多。

【输入格式】

第一行一个整数n，表示纸牌的堆数。

第二行n个整数，表示每堆纸牌有多少张。

【输出格式】

一行一个整数，表示最少的移动次数。

【样例】

输入：
5
2 1 3 3 1

输出：
2

2. 八皇后问题

【问题描述】

在 8×8 格的国际象棋上摆放八个皇后，使其不能互相攻击，即任意两个皇后都不能处于同一行、同一列或同一斜线上，共有多少种摆法？

【输出格式】

前面若干行输出皇后的坐标。

最后一行一个整数，表示八皇后的方案总数为 92。

3. 骑士巡游问题

【问题描述】

设有一个 m×n 的棋盘（2≤m≤5，2≤n≤5），在棋盘上左上角有一个中国象棋“马”，马的行走规则为“日”字。马从一个角落开始遍历整个棋盘（每个格子经过且仅经过一遍），一共有多少种方案？

【输入格式】

一行两个整数 m、n，以空格隔开。

【输出格式】

一行一个整数，表示方案总数（若不存在，则输出 0）。

【样例】

输入：

2 2

输出：

0

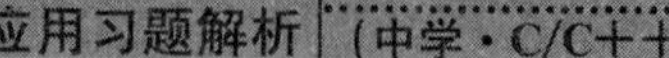

4. 约瑟夫问题

【问题描述】

有n只猴子，按顺时针方向围成一圈选大王（编号从1到n），从第1号开始报数，一直数到m，数到m的猴子退出圈外；剩下的猴子再接着从1开始报数……直到圈内只剩下一只猴子时，这个猴子就是猴王。编程输入n,m后，输出最后猴王的编号。

【输入格式】

一行两个整数n,m。

【输出格式】

一行一个整数，表示猴王的编号。

【样例】

输入：
2 2

输出：
1

5. 二分查找

【问题描述】

编写一个函数，在一个长度为n的有序数组a中查找x的位置；如果x不在a中，则返回−1。

【输入格式】

第一行一个整数n，表示有序数组a的长度。
第二行n个整数，表示有序数组a的每一个元素。
第三行一个整数x，表示需要查找的数。

【输出格式】

一行一个整数，表示 x 在 a 中的位置；如果 x 不在 a 中，则返回－1。

【样例】

输入：
6
1 2 3 4 5 6
4

输出：
4

输入：
6
1 2 3 4 5 6
7

输出：
－1

6. 快速选择

【问题描述】

修改快速排序的程序，使得能在尽量短的时间内找出一个乱序数组中第 k 小的数。

【输入格式】

第一行两个整数 n，k。
第二行 n 个整数，表示乱序数组的每一个元素。

【输出格式】

一行一个整数，表示乱序数组 a 中第 k 小的数。

【样例】

输入：
9 3
2 1 9 8 7 6 5 4 3

输出：
3

7. 逆序对

【问题描述】

修改归并排序的程序，在对给出数组 a={49,38,65,55,76,13,27}排序的同时计算出原数列的逆序对数。

【输出格式】

第一行输出排序后的数组 a。
第二行一个整数，表示原数列的逆序对数。

【样例】

输出：
13 27 38 49 55 65 76
12

8. 汉诺双塔问题

【问题描述】

给定 A、B、C 三根足够长的细柱，在 A 柱上放有 2n 个中间有孔的圆盘，共有 n 个不同的尺寸，同尺寸的两个圆盘是不加区分的。现要将这些圆盘移到 C 柱上，在移动过程中可放在 B 柱上暂存。

要求：(1) 每次只能移动一个圆盘；

(2) A、B、C 三根细柱上的圆盘都要保持上小下大的顺序。

设 An 为 2n 个圆盘完成上述任务所需的最少移动次数。对于输入的 n，输出 An。

最后的答案 mod 999983 输出。

【输入格式】

一行一个整数 n，表示有 n 个不同的尺寸。

【输出格式】

一行一个整数，表示最少移动次数 mod 999983 后的结果。

【样例】

输入：
3

输出：
14

9. 奶牛接苹果

【问题描述】

很少有人知道奶牛爱吃苹果。农夫约翰的农场上有两棵苹果树(编号为 1 和 2)，每一棵树上都长满了苹果。奶牛贝茜无法摘下树上的苹果，所以她只能等待苹果从树上落下。但是，由于苹果掉到地上会摔烂，因此贝茜必须在半空中接住苹果(没有人爱吃摔烂的苹果)。贝茜吃东西很快，她接到苹果后仅用几秒钟就能吃完。每一分钟，两棵苹果树中的一棵会掉落一个苹果。贝茜已经过了足够的训练，只要站在树下就一定能接住这棵树上掉落的苹果。同时，贝茜能够在两棵树之间快速移动(移动时间远少于 1 分钟)，因此当苹果掉落时，她必定站在两棵树中的一棵下面。此外，贝茜不愿意不停地往返于两棵树之间，因此会错过一些苹果。苹果共掉落 T($1 \leqslant T \leqslant 1000$)分钟，贝茜最多愿意移动 W($1 \leqslant W \leqslant 30$)次。现给出每分钟掉落苹果的树的编号，要求判定贝茜能够接住的最多的苹果数。开始时贝茜在 1 号树下。

【输入格式】

一行两个整数 T、W，表示总时间和贝茜最多愿意移动的次数。

以下 T 行每行一个整数，表示第 T 分钟哪棵树上会掉苹果。

【输出格式】

一行一个整数，表示贝茜最多能接到的苹果数。

【样例】

输入：

```
7 2
2
1
1
2
2
1
1
```

输出：

```
6
```

10. 收集金币

【问题描述】

有一个 n×m 的矩阵，小 A 在(1，1)格，他想到(n，m)格去。每个格子里有数量不等的金币，小 A 只能往下或往右走，他想知道他最多能拿到多少金币。

【输入格式】

一行两个整数 n、m，表示矩阵的长和宽。

以下 n 行，每行 m 个数，表示每个格子里的金币数。

【输出格式】

一行一个整数,表示小 A 最多能拿到的金币数。

【样例】

输入:
3 4
1 0 1 1
1 0 1 1
1 0 1 1

输出:
5

11. 出栈序列统计

【问题描述】

栈是常用的一种数据结构,有 n 个元素在栈顶端一侧等待进栈,栈顶端另一侧是出栈序列。已经知道栈的操作有两种:push 和 pop,前者是将一个元素进栈,后者是将栈顶元素弹出。现在使用这两种操作,由一个输入序列可以得到一系列的输出序列。对于给定的 n,计算并输出输入序列 1,2,…,n 经过一系列操作可能得到的输出序列总数。

【输入格式】

一行一个整数 n,表示元素总数。

【输出格式】

一行一个整数,表示输出序列总数。

【样例】

输入:
3

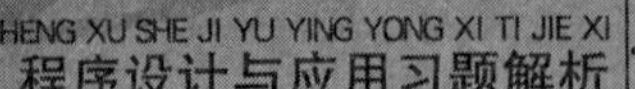

输出：
5

12. 地铁买票问题

【问题描述】

地铁的票价是和经过的站数有关的，地铁线路上一共有 n 站，已知乘 i 站需要的票价为 price_i(i=1...n)，则乘完全程至少需要多少钱(可以任意换乘)？

【输入格式】

第一行一个整数 n，表示地铁线路上的总站数。

第二行 n 个整数，第 i 个整数表示 price_i。

【输出格式】

一行一个整数，表示乘完全程最少需要花多少钱。

【样例】

输入：
7
1 2 3 4 5 6 7

输出：
7

13. 括号序列问题

【问题描述】

给出一个括号序列，允许将左括号改为右括号，也允许将右括号改为左括号，问最少要改多少次才能改成匹配的括号序列。

【输入格式】

一行一个字符串,表示需要修改的括号序列。

【输出格式】

一行一个整数,表示最少要修改的次数。

【样例】

输入:
()(()))(

输出:
2

14. 最长不下降子序列问题

【问题描述】

所谓子序列,就是原序列删掉若干个元素后剩下的序列,以字符串"abcdefg"为例子,去掉 bde,得到子序列"acfg"。

输入一个数字序列,输出最长的单调递增子序列的长度。

【输入格式】

第一行一个整数 n,表示数列的长度。
第二行 n 个整数,表示原序列。

【输出格式】

一行一个整数,原序列的最长单调递增子序列的长度。

【样例】

输入:
10
2 1 4 3 4 7 3 6 4 7

输出：
5

15. 最长公共子序列问题

【问题描述】

当第三个序列Z既是X的子序列又是Y的子序列时，称Z是序列X和Y的公共子序列。给定两个序列X和Y，求这两个序列的最长公共子序列的长度。

【输入格式】

第一行2个整数n和m，表示序列X和Y的长度。
第二行n个整数，表示序列X。
第三行m个整数，表示序列Y。

【输出格式】

一行一个整数，表示序列X和序列Y的最长公共子序列的长度。

【样例】

输入：
4 5
1 2 3 4
5 2 3 1 4

输出：
3

参考答案篇

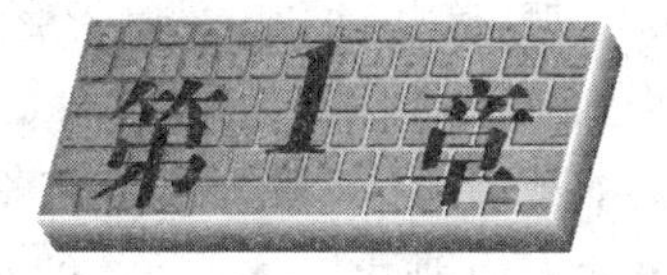

第1章 C语言概论

1. 与自然语言一样,计算机语言也符合基本符号→词汇→表达式→句子→段落→文章这样的语言体系结构。其中,词汇由词性决定。计算机语言中,相当于词性的是数据类型,不同的数据类型决定了数据的不同取值范围及运算类型。C语言的数据类型十分丰富,有整型、实型、字符型、数组类型、指针类型、结构体类型、共用体类型等,并且,整型还可以细分为短整型、长整型和一般整型;八进制整型、十进制整型和十六进制整型。C语言的运算符也十分丰富,包含的范围很广泛,共有34个运算符。正是数据类型的丰富(导致词汇丰富)和运算符的丰富(导致运算类型丰富),带来了表达式的类型多样化,从而使得C语言的表达能力极其强大。

事实上,早期的C语言主要是用于操作系统的设计,其性质决定需要有如此的表达能力,以便自由地控制和访问硬件及提高程序运行效率。比如C语言的位运算、指针运算等。然而,正是这种面向系统程序设计的能力,决定了C语言的语法限制不太严格(C语言的编译系统将大部分书写的自由约束权移交给了程序设计者,由程序设计者自己掌握),使得程序设计自由度相对较大。因此,相对于其他计算机语言来说,学习和灵活应用C语言,对学习者本身的能力要求也较高。

2. C语言程序一般由若干个文件组成,每个文件由若干个函数组成,函数之间可以相互按需调用。同一个文件中的多个函数可以通过全局数据进行数据共享,不同文件中的多个函数可以通过头文件进行数据共享以及对被调用函数说明。

无论一个C语言程序由几个文件组成,所有的函数中有且仅有一个名称为main的函数,其主要作用是作为整个程序的执行起点。

第2章 认识计算机

1. 计数是人类最基本的一种算术能力,计数有各种方法,比如:打绳结、刻记号、堆石子等等。然而,随着被计数的对象的数量增加,这些计数方法越来越显得不够灵活方便。于是,人类发明了进位计数制(简称进制)。所谓进位计数制是指一种通过进位进行计数的方法,它首先规定一个计数基本量的方法,然后再规定将多个计数基本量的方法进行组合计数的方法,从而可以灵活方便地计数任意数量的对象。

进位计数制有两个基本要素:基数和位权。基数是指一个计数基本量的方法所能计数的最大范围,比如:以10为基数的进位计数制中,一个计数基本量的方法所能计数的最大范围是10,分别用0、1、2、3、4、5、6、7、8、9十个符号表示;以8为基数的进位计数制中,一个计数基本量的方法所能计数的最大范围是8,分别用0、1、2、3、4、5、6、7八个符号表示;以16为基数的进位计数制中,一个计数基本量的方法所能计数的最大范围是16,分别用0、1、2、3、4、5、6、7、8、9、A、B、C、D、E、F十六个符号表示;以2为基数的进位计数制中,一个计数基本量的方法所能计数的最大范围是2,分别用0、1两个符号表示。位权是指将多个计数基本量的方法进行并列组合计数时,每个计数基本量的方法所计数的一个基本单位值(根据每个计数基本量的方法在并列组合时所处的位置决定)。比如:在基数为10时,将多个计数基本量的方法并列组合,每个计数基本量的方法所处位置的位权(基本计数单位值)分别为(从右向左)10^0、10^1、10^2、10^3、……;在基数为8时,将多个计数基本量的方法并列组合,每个计数基本量的方法所处位置的位权(基本计数单位值)分别为(从右向左)8^0、8^1、8^2、8^3、……;在基数为16时,将多个计数基本量的方法并列组合,每个计数基本量的方法所处位置的位权(基本计数单位值)分别为(从右向左)16^0、16^1、16^2、16^3、……;在基数为2时,将多个计数基本量的方法并列组合,每个计数基本量的方法所处位置的位权(基本计数单位值)分别为(从右向左)2^0、2^1、2^2、2^3、……。显然,基数和位权两个基本要素的关系是:第n位位权=(基数)$^{n-1}$。

计算机中,将基数为10的进位计数制称为十进制,将基数为8的进位计数制称为八进制,将基数为16的进位计数制称为十六进制,将基数为2的进位计数制称为二进制。

2. 计算机中选择二进制的主要原因是:① 无论采用什么样的材料制造计算机,

制造表示两个状态的元件总是比制造表示多个状态的元件来得方便，而且制造成本低、元件体积小。② 两个状态相对容易控制和表示，比如：对于一盏灯而言，亮和不亮是绝对不会弄错的；但是，如果是 10 个状态，则对于不同的人，70％亮、80％亮或 90％亮等等就会产生多义性。③ 可以通过数学的方法，将二进制转换为其他任意进制或者反之。

3. 不同进制数之间的相互转换方法可以归纳如下：

① 其他任意进制到十进制的转换。基本方法是按位权将各位展开并求和。

② 十进制到其他任意进制的转换。基本方法是：对于整数，不断除以要转换的目标进制的基数并取余数，直到不够除(商为 0)为止，将余数按逆序排列；对于小数，不断乘以要转换的目标进制的基数并取整数，直到小数为 0 或满足精度要求(出现循环现象)为止，将余数按顺序排列。

③ 二进制与八进制的互换、二进制与十六进制的互换和八进制与十六进制的互换。因为 $8=2^3$，$16=2^4$，因此，八进制中一个位所能表示的计数范围，在二进制中需要用三位才能表示；十六进制中一个位所能表示的计数范围，在二进制中需要用四位才能表示。对于二进制到八进制的转换，以小数点为基准向左或向右，每三位二进制数字归并为一位对应的八进制数字，最左边或最右边不够三位时补 0；对于八进制到二进制的转换，以小数点为基准向左或向右，每一位八进制数字拆为三位对应的二进制数字。对于二进制到十六进制的转换，以小数点为基准向左或向右，每四位二进制数字归并为一位对应的十六进制数字，最左边或最右边不够四位时补 0；对于十六进制到二进制的转换，以小数点为基准向左或向右，每一位十六进制数字拆为四位对应的二进制数字。对于八进制与十六进制的互换，可以以二进制为中介进行。

4. 计算机硬件系统一般包括运算器、控制器、存储器、输入设备和输出设备五个部分。它们的关系如图 2－1 所示。

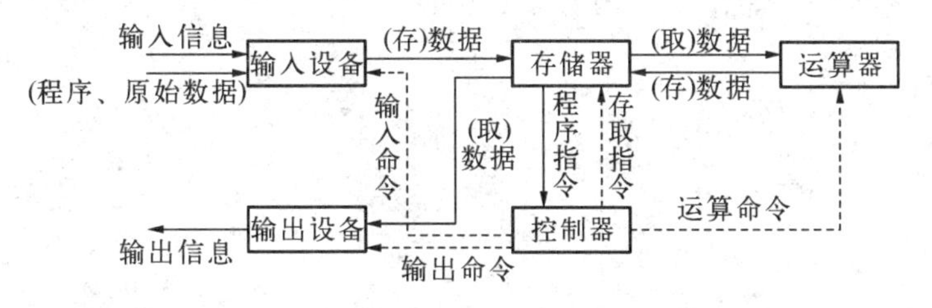

图 2－1　计算机硬件系统五个部分的关系

5. 现代计算机的基本工作原理是存储程序和程序控制。也就是说，人们首先编

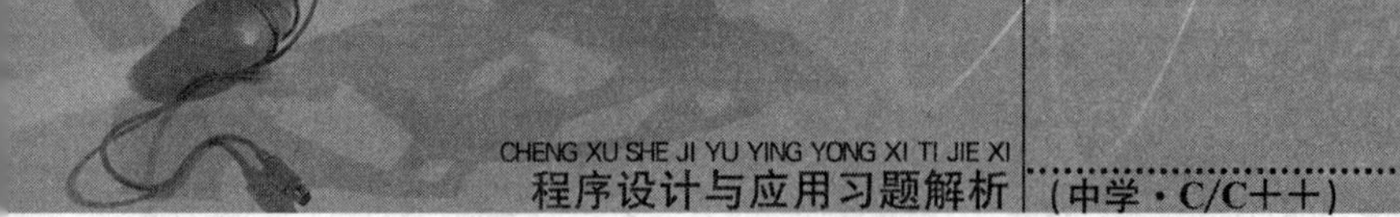

写处理某个问题的程序，然后将程序存储到计算机的存储器中，再让计算机按照程序规定的动作进行工作。

计算机硬件系统在制造时，已经布置好能够识别和执行规定数量的指令的所有电路。人们利用计算机语言编写好解决某个问题的程序，然后将程序翻译成这些指令控制计算机电路工作。

算法及算法的描述

一、基本知识

1. 算法就是解决问题的方法和步骤,是在有限步骤内求解某一问题所使用的一组定义明确的规则。

2. 算法的性质有:① 有穷性;② 确切性;③ 可行性;④ 输入;⑤ 输出。

3. 一般采用四种方式来描述算法:① 自然语言;② 流程图;③ N-S图;④ 伪代码。

4. N-S图包括顺序、选择和循环三种基本结构。

5. 在循环结构的当型结构中,当条件成立时,执行循环体。

6. 在循环结构的直到型结构中,直到条件成立时,不执行循环体。

二、选择题

1. A　2. C　3. B　4. C

三、填空题

1. {、}、定义、执行

2. 关键字、用户标识符

3. 时间复杂度、空间复杂度

4. ① B←1、② B←0

5. ① B>MAX、② MAX←B、③ C>MAX、④ MAX←C

6. ① A! =0、② A>0、③ ZG←ZG+1,ZH←ZH+A、④ FG←FG+1,FH←FH+A

四、根据下面自然语言所描述的算法,画出它的N-S图

1.

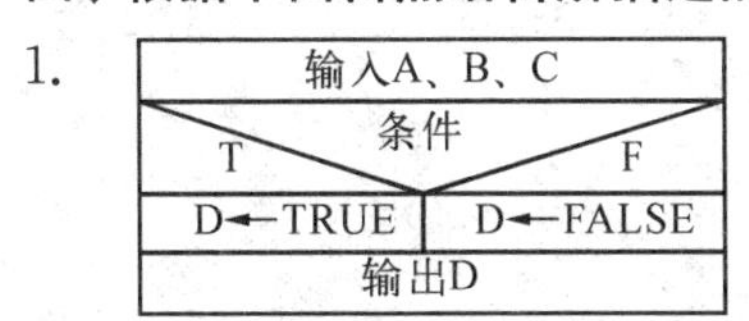

条件为:A+B>C且B+C>A且A+C>B

2.

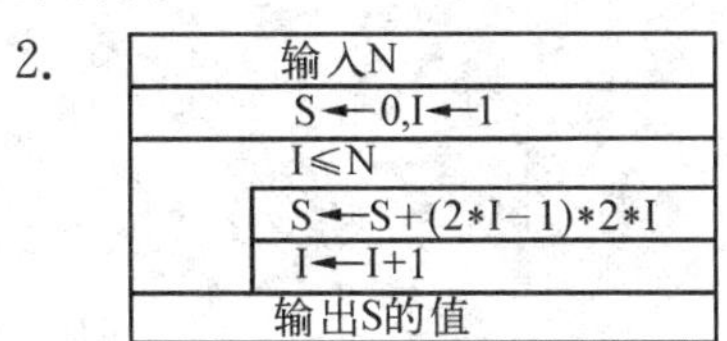

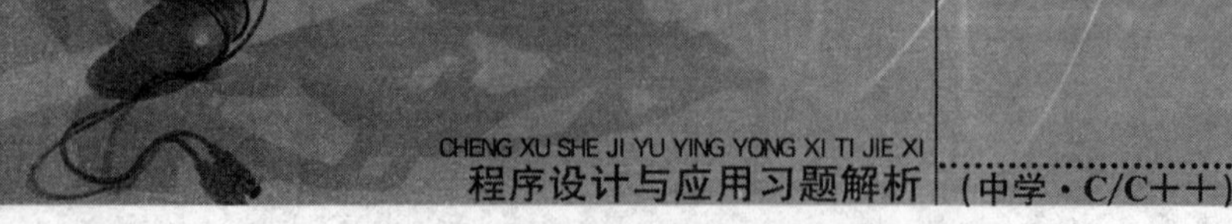

3.

输入A	
B←0	
A!=0	
	B←B*10+A MOD 10
	A←A DIV 10
输出B的值	

五、分析下列框图，用自然语言描述其算法

用自然语言描述：

(1) 输入变量 A、B 的值。

(2) 求出 A、B 的乘积 M，即 M←A ∗ B。

(3) 当 A MOD B≠0 时，转(4)；否则，B 即为最大公约数，转(5)。

(4) 将 B 的值赋给 A，即 A←B。将 A 除以 B 的余数赋给 B，即 B←A MOD B。

(5) 输出最小公倍数的值，即 M/B 的商。

六、画图题

1.

开始

输入长方形长a和宽b

计算面积a*b →S

输出面积S

结束

2.

开始

输入a,b

a>b

是　　否

输出a　　输出b

结束

3.

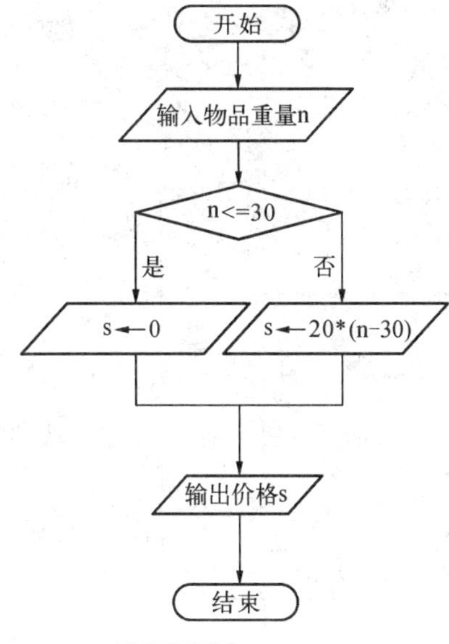
开始
输入物品重量n
n<=30
是
否
s←0
s←20*(n-30)
输出价格s
结束

4.

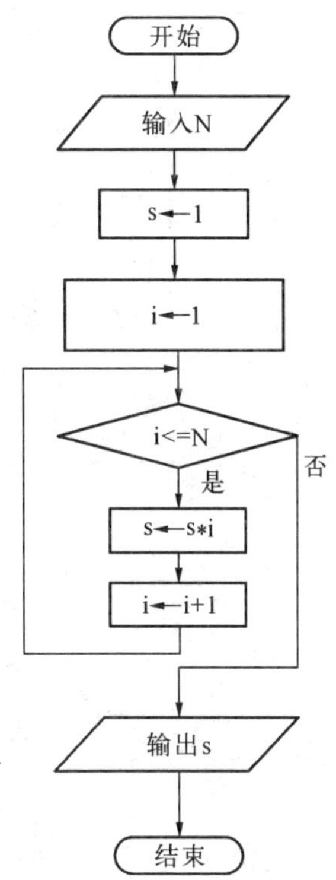
开始
输入N
s←1
i←1
i<=N
是
否
s←s*i
i←i+1
输出s
结束

5.

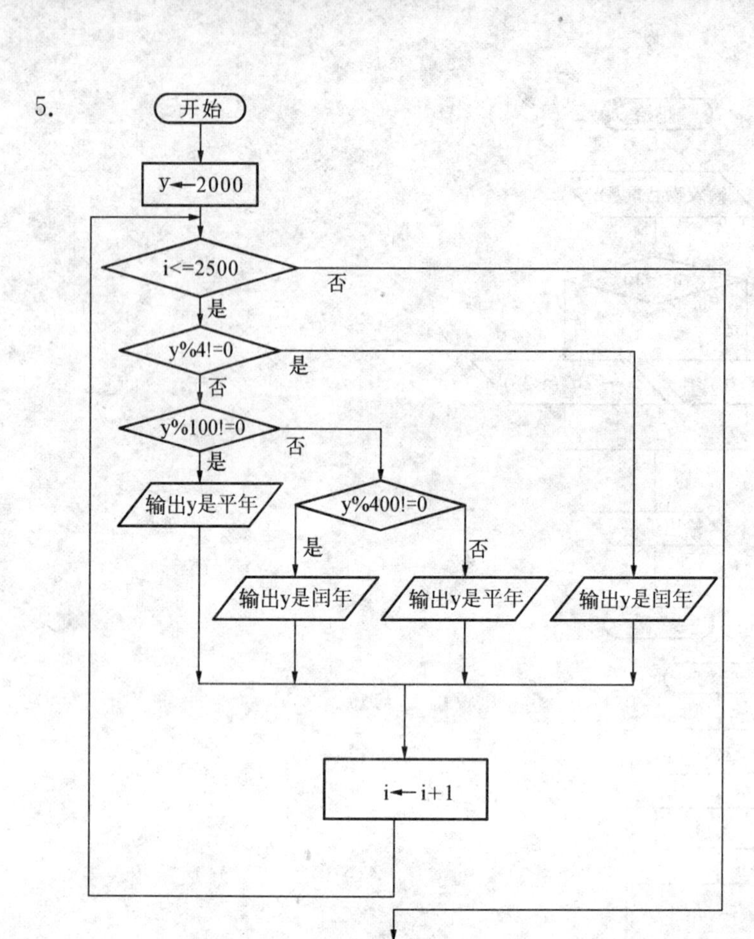
开始
y←2000
i<=2500
否
是
y%4!=0
是
否
y%100!=0
否
是
输出y是平年
y%400!=0
是
否
输出y是闰年
输出y是平年
输出y是闰年
i←i+1
结束

6.

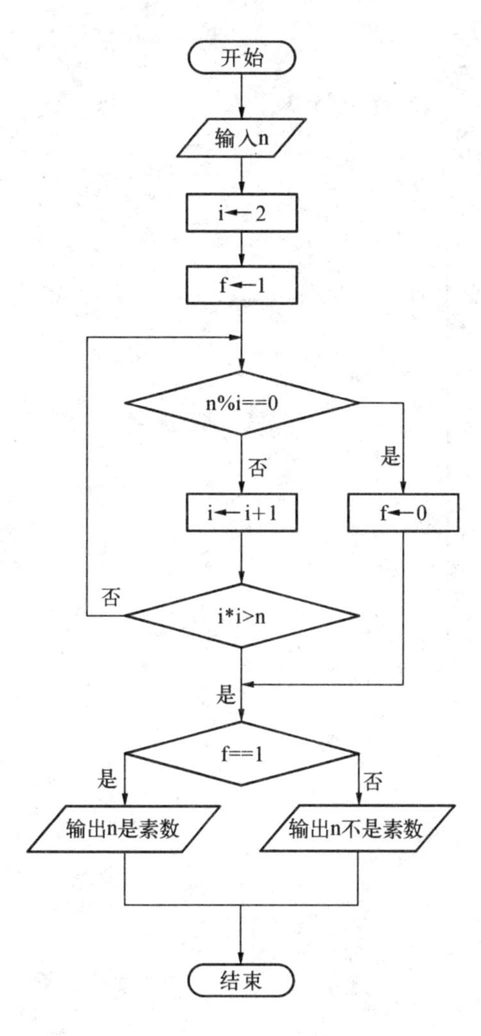

7.

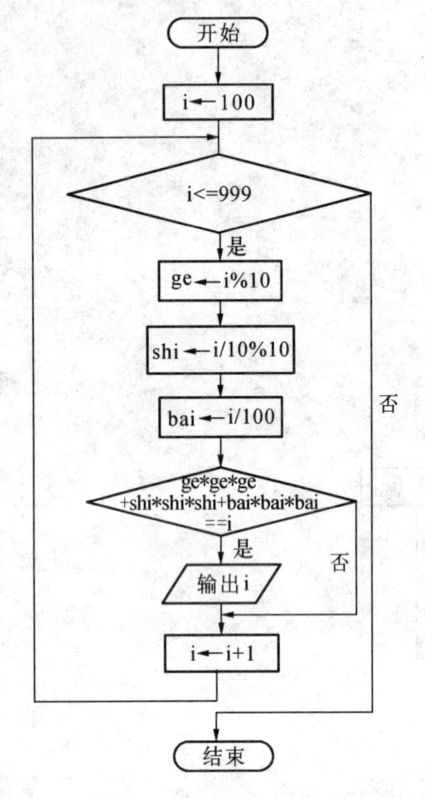
开始
i←100
i<=999
是
ge←i%10
shi←i/10%10
bai←i/100
ge*ge*ge
+shi*shi*shi+bai*bai*bai
==i
是
输出i
否
i←i+1
否
结束

8.

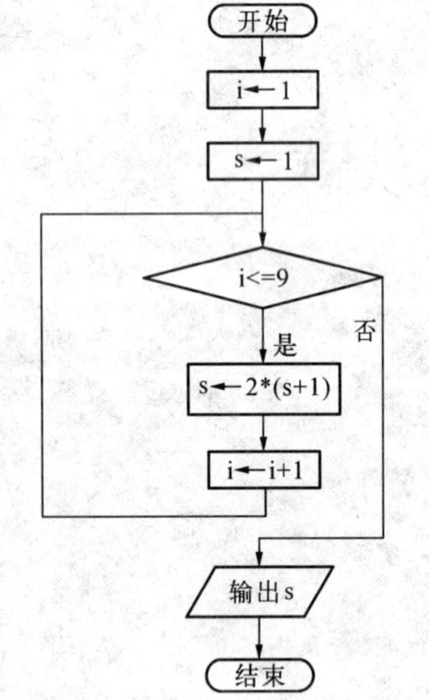
开始
i←1
s←1
i<=9
是
s←2*(s+1)
i←i+1
否
输出s
结束

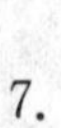

第4章 数据类型、运算符与表达式

1.
```
#include<stdio.h>
int main() {
    int a, b, c;
    scanf("%d %d", &a, &b);
    c=a; a=b; b=c;
    printf("%d %d\n", a, b);
    return 0;
}
```

2.
```
#include<stdio.h>
int main(){
    int x, res;
    scanf("%d", &x);
    res=x*x*x+x*x+x+1;
    res=res*res;
    printf("%d\n", res);
    return 0;
}
```

3.
```
#include<stdio.h>
int main(){
    int a, b;
    scanf("%d %d", &a, &b);
    double res=-(double(b)/a);
    printf("%.3lf\n", res);
    return 0;
}
```

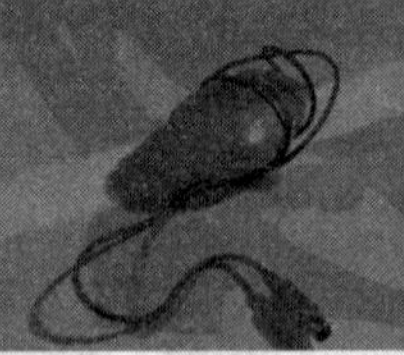

4.
```
#include<stdio.h>
int main(){
    int a, b;
    scanf("%d %d", &a, &b);
    a=a^b;
    b=a^b;
    a=a^b;
    printf("%d %d\n", a, b);
    return 0;
}
```

5.
```
#include<stdio.h>
int main(){
    char c;
    scanf("%c", &c);
    printf("%c %c\n", c-1, c+1);
    return 0;
}
```

6.
```
#include<stdio.h>
int main(){
    double a, b, c;
    scanf("%lf %lf %lf", &a, &b, &c);
    printf("%.3lf\n",(a+b+c)/3);
    return 0;
}
```

7.
```
#include<stdio.h>
int main(){
    double a, b;
    scanf("%lf %lf", &a, &b);
    printf("%.3lf", a*b);
    return 0;
}
```

8.
```
#include<stdio.h>
#include<math.h>
int main(){
    int a , b;
    double c;
    scanf("%d %d %lf", &a , &b , &c);
    printf("%.2lf\n", a * b * sin(c) * 0.5);
    return 0;
}
```

9.
```
#include<stdio.h>
#include<math.h>
int main(){
    int n;
    scanf("%d", &n);
    printf("%.2lf %.2lf\n", n * n * 3.1415926 , 2 * n * 3.1415926);
    return 0;
}
```

10.
```
#include<stdio.h>
#include<math.h>
int main(){
    int a , b;
    scanf("%d %d", &a , &b);
    printf("%d %d\n", a/b , a%c);
    return 0;
}
```

11.
```
#include<stdio.h>
#include<math.h>
int main(){
    int n;
    scanf("%d", &n);
    printf("%d%d%d%d\n", n%10 , n%100/10 , n%1000/100 , n/1000);
    return 0;
}
```

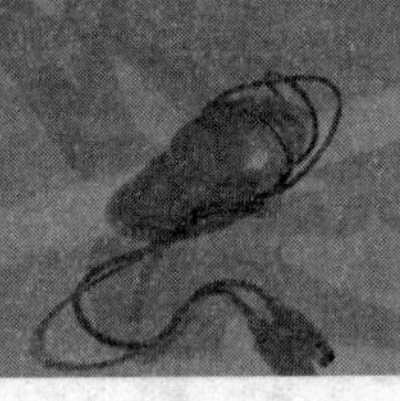

数据输入输出的概念及在C语言中的实现

1.
```
#include<stdio.h>
int main(){
    printf("***\n***\n***\n");
    return 0;
}
```

2.
```
#include<stdio.h>
int main(){
    char c;
    scanf("%c", &c);
    printf("%d\n", c);
    return 0;
}
```

3.
```
#include<stdio.h>
int main(){
    double a;
    scanf("%lf", &a);
    printf("%.3lf\n", a);
    return 0;
}
```

4.
```
#include<stdio.h>
int main(){
    int a;
    scanf("%d", &a);
    printf("%10d\n", a);
```

```
    return 0;
}
```

5.
```
#include<stdio.h>
int main(){
    printf("        *\n");
    printf("      *   *\n");
    printf("    * * * * *\n");
    printf("  *           *\n");
    printf("*               *\n");
    return 0;
}
```

第6章 选择结构程序设计

1.（1）

```
#include<stdio.h>
#include<stdlib.h>

int ans, A, B, C;

int main()
{
    scanf("%d %d %d", &A, &B, &C);
    if (A>=B)
        if (A>=C) ans=A;
        else ans=C;
    else if (B>=C) ans=B;
        else ans=C;
    printf("%d\n", ans);
    return 0;
}
```

（2）

```
#include<stdio.h>
#include<stdlib.h>

int ans, A, B, C;

int main()
{
    scanf("%d %d %d", &A, &B, &C);
    if (A>=B)
        (A>=C)? (ans=A):(ans=C);
    else (B>=C)? (ans=B):(ans=C);
    printf("%d\n", ans);
```

```
    return 0;
}
```

2.
```
#include<stdio.h>

int N;

int main()
{
    scanf("%d", &N);
    if (N>=1) printf("*\n");
    if (N>=2) printf("**\n");
    if (N>=3) printf("***\n");
    if (N>=4) printf("****\n");
    if (N>=5) printf("*****\n");
    if (N>=6) printf("******\n");
    if (N>=7) printf("*******\n");
    if (N>=8) printf("********\n");
    if (N>=9) printf("*********\n");
    if (N>=10) printf("**********\n");
    return 0;
}
```

3.
```
#include<stdio.h>

int a, b, c, flag;

int main()
{
    scanf("%d %d %d", &a, &b, &c);
    flag=0;
    if ((!flag)&&(a*1*1+b*1+c==0)) { flag=1; printf("1\n"); }
    if ((!flag)&&(a*2*2+b*2+c==0)) { flag=1; printf("2\n"); }
    if ((!flag)&&(a*3*3+b*3+c==0)) { flag=1; printf("3\n"); }
```

```
    if ((! flag)&&(a*4*4+b*4+c==0)) { flag=1; printf("4\n"); }
    if ((! flag)&&(a*5*5+b*5+c==0)) { flag=1; printf("5\n"); }
    if ((! flag)&&(a*6*6+b*6+c==0)) { flag=1; printf("6\n"); }
    if ((! flag)&&(a*7*7+b*7+c==0)) { flag=1; printf("7\n"); }
    if ((! flag)&&(a*8*8+b*8+c==0)) { flag=1; printf("8\n"); }
    if (! flag) printf("-1\n");
    return 0;
}
```

4.
```
#include<stdio.h>

int a, b, c;

int main()
{
    scanf("%d %d %d", &a, &b, &c);
    int tmp=a;
    a=b;
    b=c;
    c=tmp;
    printf("%d %d %d\n", a, b, c);
    return 0;
}
```

5.
```
#include<stdio.h>

int a, b;

int main()
{
    scanf("%d %d", &a, &b);
    (2*(a+b)>=a*b)? (printf("Yes\n")):(printf("No\n"));
    return 0;
}
```

6.
```
#include<stdio.h>

char ch1, ch2;
int tmp;

int main()
{
    ch1=getchar();
    ch2=getchar();
    if ((ch1-ch2)%2==0) tmp=-1;
    else tmp=1;
    printf("%c%c\n", ch1+tmp, ch2+tmp);
    return 0;
}
```

7.
```
#include<stdio.h>

int month;

int main()
{
    scanf("%d", &month);
    switch (month)
    {
        case 1:printf("January\n"); break;
        case 2:printf("February\n"); break;
        case 3:printf("March\n"); break;
        case 4:printf("April\n"); break;
        case 5:printf("May\n"); break;
        case 6:printf("June\n"); break;
        case 7:printf("July\n"); break;
        case 8:printf("August\n"); break;
        case 9:printf("September\n"); break;
        case 10:printf("October\n"); break;
```

```
        case 11:printf("November\n"); break;
        case 12:printf("December\n"); break;
        default:printf("Error! \n");
    }
    return 0;
}
```

8.
```
#include<stdio.h>

int a, b, c, d;

int main()
{
    scanf("%d %d %d %d", &a, &b, &c, &d);
    printf("%d\n", a^(b|(c&d)));
    return 0;
}
```

9.
```
#include<stdio.h>

int a, b;

int main()
{
    scanf("%d %d", &a, &b);
    printf("%d\n", a*a*a+3*a*a*b+3*a*b*b+b*b*b);
    return 0;
}
```

10.
```
#include<stdio.h>

double delta, a, b, c, x1, x2;

int main()
```

```
{
    scanf("%lf %lf %lf", &a, &b, &c);
    delta=b*b-4*a*c;
    if (delta<0) printf("No solution\n");
    else
    {
        x1=(-b+sqrt(delta))/(2*a);
        x2=(-b-sqrt(delta))/(2*a);
        printf("%.6lf\n", x1);
        if (delta>1e-8) printf("%.6lf\n", x2);
    }
    return 0;
}
```

11.
```
#include<stdio.h>

char ch;
int temp, ans;

int main()
{
    ch=getchar();
    scanf("%d", &temp);
    if (ch=='c') ans=temp*9/5+32;
    else ans=(temp-32)*5/9;
    printf("%d\n", ans);
    return 0;
}
```

12. (1)
```
#include<stdio.h>

int a, b, c;

int main()
```

```
{
    scanf("%d %d", &a, &b);
    c=a;
    a=b;
    b=c;
    printf("%d %d\n", a, b);
    return 0;
}
```

(2)
```
#include<stdio.h>

int a, b;

int main()
{
    scanf("%d %d", &a, &b);
    a=a^b;
    b=b^a;
    a=a^b;
    printf("%d %d\n", a, b);
    return 0;
}
```

13. (1)
```
#include<stdio.h>

int score;

int main()
{
    scanf("%d", &score);
    if (score>=90) printf("A\n");
    else if (score>=80) printf("B\n");
         else if (score>=70) printf("C\n");
              else if (score>=60) printf("D\n");
```

```
                        else printf("E\n");
    return 0;
}

(2) #include<stdio.h>

int score;

int main()
{
    scanf("%d", &score);
    switch (score/10)
    {
        case 10:printf("A\n"); break;
        case 9:printf("A\n"); break;
        case 8:printf("B\n"); break;
        case 7:printf("C\n"); break;
        case 6:printf("D\n"); break;
        default:printf("E\n");
    }
    return 0;
}

14. #include<stdio.h>

int year, month, day;

int main()
{
    scanf("%d %d", &year, &month);
    switch (month)
    {
        case 1:day=31; break;
        case 2:if (year%100==0)
```

```
                if (year%400==0) day=29;
                else day=28;
            else if (year%4==0) day=29;
                else day=28;
            break;
        case 3:day=31; break;
        case 4:day=30; break;
        case 5:day=31; break;
        case 6:day=30; break;
        case 7:day=31; break;
        case 8:day=31; break;
        case 9:day=30; break;
        case 10:day=31; break;
        case 11:day=30; break;
        case 12:day=31; break;
    }
    printf("%d\n", day);
    return 0;
}
```

第7章 循环控制

1.
```
#include <stdio.h>
#include <stdlib.h>

int ans, i;

int main()
{
    ans=0;
    for (i=1; i<=99; i+=2)
        ans+=i;
    printf("%d\n", ans);
    return 0;
}
```

2.
```
#include <stdio.h>

int i, j;

int main()
{
    for (i=1; i<=9; ++i)
    {
        for (j=1; j<=i; ++j)
            printf("%d*%d=%d ", i, j, i*j);
        printf("\n");
    }
    return 0;
}
```

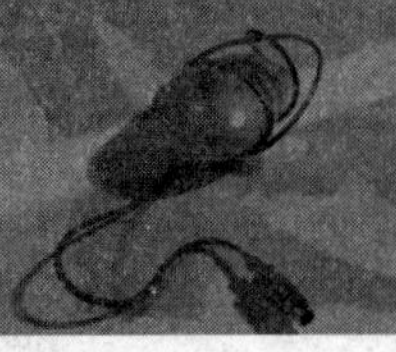

3.
```
#include <stdio.h>

int i, j, k;

int main()
{
    for (i=0; i<=20; ++i)
        for (j=0; j<=(100-i*5)/3; ++j)
        {
            k=(100-i*5-j*3)*3;
            if (i+j+k==100) printf("%d %d %d\n", i, j, k);
        }
    return 0;
}
```

4.
```
#include <stdio.h>

int i, ans;

int main()
{
    i=1;
    ans=0;
    while (i<=99)
    {
        ans+=i;
        i+=2;
    }
    printf("%d\n", ans);
    return 0;
}
```

5.
```
#include <stdio.h>
```

```
int i, ans;

int main()
{
    ans=0;
    i=-1;
    do
    {
        i+=2;
        ans+=i;
    }
    while (i<99);
    printf("%d\n", ans);
    return 0;
}
```

6.
```
#include <stdio.h>
#include <math.h>

int i, num, flag;

int main()
{
    scanf("%d", &num);
    flag=1;
    for (i=2; i<=(int)(sqrt(num)); ++i)
        if (num%i==0)
        {
            flag=0;
            break;
        }
    if(flag) printf("Yes\n");
    else printf("No\n");
    return 0;
}
```

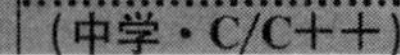

7.
```
#include <stdio.h>

const int MaxNum=10000000;
int N, ans, i;

int main()
{
    scanf("%d", &N);
    ans=1;
    for (i=1; i<=N; ++i)
    {
        ans*=i;
        if (ans>MaxNum)
        {
            ans=-1;
            break;
        }
    }
    printf("%d\n", ans);
    return 0;
}
```

8.
```
#include <stdio.h>

int i;

int main()
{
    for (i=100;i<=200;++i)
        if ((i%3!=0)&&(i%7!=0))
            printf("%d\n", i);
    return 0;
}
```

9.
```
#include <stdio.h>
```

```
int i;

int main()
{
    for (i=0; i<26;++i)
        printf("%c",'A'+i);
    printf("\n");
    for (i=25; i>=0;--i)
        printf("%c",'A'+i);
    printf("\n");
    return 0;
}
```

10.
```
#include <stdio.h>

const double eps=1e-6;
int i, flag;
double ans, tmp;

int main()
{
    i=3;
    flag=-1;
    ans=0.0;
    tmp=1.0;
    while (((ans-tmp)>eps)||((ans-tmp)<-eps))
    {
        ans=tmp;
        tmp=tmp+(double)(flag)/i;
        flag*=(-1);
        i+=2;
    }
    printf("%.6lf\n", ans*4);
    return 0;
}
```

11.
```
#include <stdio.h>

int N, i;

int main()
{
    scanf("%d", &N);
    for (i=1; i<=N; ++i)
        if (N%i==0) printf("%d\n", i);
    return 0;
}
```

12.
```
#include <stdio.h>

int i, a, b, c, d;

int main()
{
    for (i=1000; i<=9999; ++i)
    {
        a=i/1000;
        b=i%1000/100;
        c=i%100/10;
        d=i%10;
        if ((a*10+b+c*10+d)*(a*10+b+c*10+d)==i)
        printf("%d\n", i);
    }
    return 0;
}
```

13.
```
#include <stdio.h>

int N, ans;

int main()
{
```

```
    scanf("%d", &N);
    while (N)
    {
        ans+=N%10;
        N/=10;
    }
    printf("%d\n", ans);
    return 0;
}
```

14.
```
#include <stdio.h>
#include <string.h>

char str[1005];
int i, ans;

int main()
{
    scanf("%s", str);
    for (i=0; i<strlen(str); ++i)
        if (str[i]=='a'||str[i]='A') ++ans;
    printf("%d\n", ans);
    return 0;
}
```

15.
```
#include <stdio.h>

int n, m, x, y, t;

int main()
{
    scanf("%d %d", &n, &m);
    x=n;
    y=m;
    while (y)
```

```
    {
        t=x;
        x=y;
        y=t%y;
    }
    printf("%d\n", n*m/x);
    return 0;
}
```

16.
```
#include <stdio.h>

int i , j;

int main()
{
    for (i=1; i<=6; ++i)
    {
        for (j=1; j<i; ++j) printf(" ");
        for (j=1; j<=13-2*i; ++j) printf("#");
        for (j=1; j<i; ++j) printf(" ");
        printf("\n");
    }
    return 0;
}
```

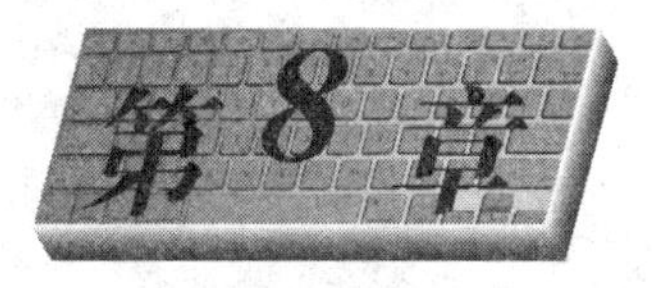

数据组织与处理

1.
```
#include <stdio.h>

int n, i, a[100001];
double ave=0;

int main()
{
    scanf("%d", &n);
    for (i=1; i<=n; ++i) scanf("%d", &a[i]);
    for (i=1; i<=n; ++i) ave+=a[i];
    ave=ave/n;
    for (i=n; i>0; --i) printf("%.6lf\n", a[i]-ave);
    return 0;
}
```

2.
```
#include <stdio.h>
#include <string.h>

int i, j, cnt, v[100];
char str[100];

int main()
{
    scanf("%s", str);
    for (i=0; i<strlen(str); ++i) v[i]=1;
    for (i=0; i<strlen(str); ++i) if (v[i])
    {
        cnt=0;
```

```
        for (j=i+1; j<strlen(str);++j) if (str[i]==str[j])
        {
            v[j]=0;
            ++cnt;
        }
        printf("%c %d\n", str[i], cnt);
    }
    return 0;
}
```

3.
```
#include <stdio.h>

int i , j , N , M , g[100][100];

int main()
{
    scanf("%d %d", &N , &M);
    for (i=1; i<=N;++i)
        for (j=1; j<=M;++j)
            scanf("%d", &g[i][j]);
        for (j=1; j<=M;++j)
        {
        for (i=1; i<=N;++i)
            printf("%d", g[i][j]);
        printf("\n");
    }
    return 0;
}
```

4.
```
#include <stdio.h>

int i , j , N , M , g[100][100], max;
```

```
int main()
{
      scanf("%d %d", &N , &M);
      for (i=1; i<=N;++i)
            for (j=1; j<=M;++j)
                  scanf("%d", &g[i][j]);
      for (i=1; i<=N;++i)
      {
            max=g[i][1];
            for (j=2; j<=M;++j) if (g[i][j]>max)
                  max=g[i][j];
            printf("%d", max);
      }
      printf("\n");
      for (j=1; j<=M;++j)
      {
      max=g[1][j];
            for (i=2; i<=N;++i) if (g[i][j]>max)
                  max=g[i][j];
            printf("%d ", max);
}
printf("\n");
max=g[1][1];
for (i=1; i<=N;++i)
      for (j=1; j<=M;++j) if (g[i][j]>max)
      max=g[i][j];
printf("%d\n", max);
      return 0;
}
```

5.
```
#include <stdio.h>

int i , j , a[30][30];

int main()
```

```
{
    for (i=1; i<=30;++i)
    {
        a[i][1]=1;
        for (j=2; j<i;++j) a[i][j]=a[i-1][j-1]+a[i-1][j];
        a[i][i]=1;
        for (j=1; j<=i;++j) printf("%d ", a[i][j]);
        printf("\n");
    }
    return 0;
}
```

```
6. #include <stdio.h>

int N, M, K, i, j, k, a[101][101], b[101][101], c[101][101];

int main()
{
    scanf("%d %d %d", &M, &N, &K);
    for (i=1; i<=M;++i)
        for (j=1; j<=N;++j) scanf("%d", &a[i][j]);
    for (i=1; i<=N;++i)
        for (j=1; j<=K;++j) scanf("%d", &b[i][j]);
    for (i=1; i<=M;++i)
        for (j=1; j<=K;++j)
            for (k=1; k<=N;++k)
                c[i][j]+=a[i][k]*b[k][j];
    for (i=1; i<=M;++i)
    {
        for (j=1; j<=K;++j) printf("%d", c[i][j]);
        printf("\n");
    }
    return 0;
}
```

```
7. #include <stdio.h>
```

```
const int dx[5]={0,0,1,0,-1};
const int dy[5]={0,1,0,-1,0};
int N,a[100][100],ii,jj,i,j,cnt,v[100][100],k,cnt,xx,yy,dir;

void printt()
{
    for (ii=1; ii<=N;++ii)
    {
        for (jj=1; jj<=N;++jj) printf("%d",a[ii][jj]);
        printf("\n");
    }
}

int main()
{
    scanf("%d",&N);
    cnt=N*N;
    for (i=1; i<=N;++i)
    {
        for (j=1; j<=N;++j) printf("%d",cnt--);
        printf("\n");
    }
    cnt=1;
    for (i=1; i<=N;++i)
    {
        if (i%2==1)
            for (j=1; j<=N;++j) a[i][j]=cnt++;
        else for (j=N; j>0;--j) a[i][j]=cnt++;
    }
    printt();
    cnt=1;
    for (k=2; k<=N+N;++k)
        if (k%2==0)
            for (i=1; i<=N;++i)
                if ((k-i>0)&&(k-i<=N)) a[i][k-i]=cnt++;
                else ;
```

```
        else for (i=N; i>0; --i)
                if ((k-i>0)&&(k-i<=N)) a[i][k-i]=cnt++;
    printt();
    for (i=0; i<=N+1; ++i)
        for (j=0; j<=N+1; ++j) v[i][j]=1;
    for (i=1; i<=N; ++i)
        for (j=1; j<=N; ++j) v[i][j]=0;
    xx=1; yy=1; dir=1; cnt=1; a[1][1]=1; v[1][1]=1;
    while (cnt<N*N)
    {
        while (!v[xx+dx[dir]][yy+dy[dir]])
        {
            xx+=dx[dir];
            yy+=dy[dir];
            a[xx][yy]=++cnt;
            v[xx][yy]=1;
        }
        ++dir;
        if (dir>4) dir=1;
    }
    printt();
    return 0;
}
```

8.
```
#include <stdio.h>

int N , i , j , b[1000], a[1000], pos[1000], min , minpos , temp , minposs;

int main()
{
    scanf("%d", &N);
    for (i=1; i<=N; ++i) scanf("%d", &a[i]);

    for (i=1; i<=N; ++i)
    {
```

```
    b[i]=a[i];
    pos[i]=i;
}
for (i=1; i<=N;++i)
{
    min=b[i];
    minpos=pos[i];
    for (j=i+1; j<=N;++j) if (b[j]<min)
    {
        min=b[j];
        minpos=pos[j];
        temp=b[i];
        b[i]=b[j];
        b[j]=temp;
        temp=pos[i];
        pos[i]=pos[j];
        pos[j]=temp;
    }
    printf("%d %d\n", min , minpos);
}

for (i=1; i<=N;++i)
{
    b[i]=a[i];
    pos[i]=i;
}
for (i=1; i<N;++i)
    for (j=N; j>i;--j) if (b[j]<b[j-1])
    {
        temp=b[j];
        b[j]=b[j-1];
        b[j-1]=temp;
        temp=pos[j];
        pos[j]=pos[j-1];
```

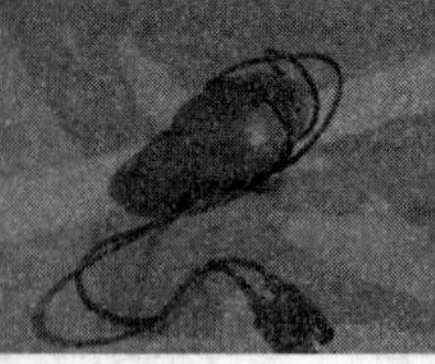


```
        pos[j-1]=temp;
    }
for (i=1; i<=N;++i) printf("%d", b[i]);
printf("\n");
for (i=1; i<=N;++i) printf("%d", pos[i]);
printf("\n");

for (i=1; i<=N;++i)
{
    b[i]=a[i];
    pos[i]=i;
}
for (i=1; i<=N;++i)
{
    min=b[i];
    minpos=i;
    minposs=pos[i];
    for (j=i+1; j<=N;++j) if (b[j]<min)
    {
        min=b[j];
        minpos=j;
        minposs=pos[j];
    }
    for (j=minpos; j>i;--j)
    {
        b[j]=b[j-1];
        pos[j]=pos[j-1];
    }
    b[i]=min;
    pos[i]=minposs;
}
for (i=1; i<=N;++i) printf("%d", b[i]);
printf("\n");
for (i=1; i<=N;++i) printf("%d", pos[i]);
```

```
    printf("\n");
    return 0;
}
```

9. #include <stdio.h>

```
int N, i, a[10000], sum, num;

int main()
{
    scanf("%d", &N);
    for (i=1; i<=N;++i) scanf("%d", &a[i]);
    for (i=2; i<=N; i+=2)
    {
        sum+=a[i];
        printf("%d", a[i]);
    }
    printf("sum=%d\n", sum);
    sum=0;
    for (i=1; i<=N; i+=2)
    {
        sum+=a[i];
        ++num;
        printf("%d", a[i]);
    }
    printf("ave=%d\n", sum/num);
}
```

10. #include <stdio.h>

```
int N, i, a[10000], P1, P2, Len, temp;

int main()
{
    scanf("%d %d %d %d", &N, &P1, &P2, &Len);
    for (i=1; i<=N;++i) scanf("%d", &a[i]);
```

```
    for (i=0; i<Len; ++i)
    {
        temp=a[P1+i];
        a[P1+i]=a[P2+i];
        a[P2+i]=temp;
    }
    for (i=1; i<=N; ++i) printf("%d", a[i]);
    printf("\n");
    return 0;
}
```

11.
```
#include <stdio.h>

int N, i, a[10000], ans;

int main()
{
    scanf("%d", &N);
    for (i=1; i<=N; ++i) scanf("%d", &a[i]);
    for (i=2; i<N; ++i)
        if ((a[i]-a[i-1]) * (a[i+1]-a[i])<0) ++ans;
    printf("%d\n", ans+1);
    return 0;
}
```

12.
```
#include <stdio.h>

int N, i, a[1000], cnt, temp, tot, j;

int main()
{
    scanf("%d", &N);
    for (i=1; i<=N; ++i) scanf("%d", &a[i]);
    for (i=1; i<=N; ++i)
        for (j=i+1; j<=N; ++j) if (a[i]<a[j])
```

```
        {
            temp=a[i];
            a[i]=a[j];
            a[j]=temp;
        }
    a[N+1]=a[N]+1;
    tot=0;
    cnt=0;
    for (i=1; i<=N;++i)
        if (a[i]==a[i+1]) ++cnt;
        else
        {
            ++cnt;
            ++tot;
            printf("%d\n", cnt);
            cnt=0;
        }
    printf("%d\n", tot);
    return 0;
}
```

13.
```
#include <stdio.h>

int N , K , i , j , v[1000], pos;

int main()
{
    scanf("%d %d", &N , &K);
    for (i=1; i<=N;++i) v[i]=1;
    pos=0;
    for (i=1; i<=N;++i)
    {
        for (j=1; j<=K;++j)
        {
```

```
            do
            {
                ++pos;
                if (pos>N) pos=1;
            } while (!v[pos]);
        }
        printf("%d", pos);
        v[pos]=0;
    }
    printf("\n");
    return 0;
}
```

函　数

1.
```
#include <stdio.h>
#include <stdlib.h>

char upperCaseToLowerCase(char ch)
{
  return ch+32;
}

int main()
{
  char ch;
  while ((ch=getchar()) != '\n')
    printf("%c", upperCaseToLowerCase(ch));
  printf("\n");

  return 0;
}
```

2.
```
#include <stdio.h>
#include <stdlib.h>

void try(int number)
{
  while (number)
  {
    printf("%d", number % 10);
    number/=10;
  }
```

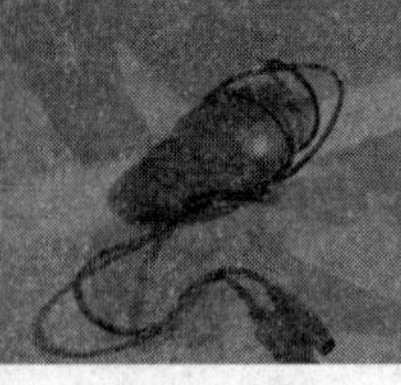


```
}

int x;

int main()
{
  scanf("%d", &x);
  try(x);
  return 0;
}
```

3.
```
#include <stdio.h>
#include <stdlib.h>

void displayPattern(int n)
{
  int i , j;
  for(i=1;i<=n;++i)
  {
    for (j=1;j<=i;++j)
      printf("%d", j);
    printf("\n");
  }
}

int N;

int main()
{
  scanf("%d", &N);
  displayPattern(N);

  return 0;
}
```

4.
```
#include <stdio.h>
#include <stdlib.h>

void swap(int *x, int *y)
{
  *x+=*y; *y=*x-*y; *x-=*y;
}

void sort(int *num1, int *num2, int *num3)
{
  if (*num1>*num2) swap(num1, num2);
  if (*num1>*num3) swap(num1, num3);
  if (*num2>*num3) swap(num2, num3);
}

int A, B, C;

int main()
{
  scanf("%d %d %d", &A, &B, &C);
  sort(&A, &B, &C);
  printf("%d %d %d\n", A, B, C);

  return 0;
}
```

5.
```
#include <stdio.h>
#include <stdlib.h>
#include <algorithm>

int gcd(int x, int y)
{
  if (x<y) swap(x, y);
  if (x%y==0) return y;
```

```
return gcd(y, x%y);
}

int N, M;

int main()
{
  scanf("%d %d", &N, &M);
  printf("%d\n", gcd(N, M));

  return 0;
}
```

6.
```
#include <stdio.h>
#include <stdlib.h>

double sum(int n)
{
  if (n>1)
    return sum(n-1)+n*1.0/(n+1);
  else
    return 0.5;
}

int N;

int main()
{
  scanf("%d", &N);
  printf("%.6lf\n", sum(N));

  return 0;
}
```

7. #include <stdio.h>

```
#include <stdlib.h>

const double eps=1e-8;

double sqrt(int num)
{
  double lastGuess=num, nextGuess=(lastGuess+(num/lastGuess))/2;
  while (fabs(lastGuess-nextGuess)>eps)
  {
    lastGuess=nextGuess;
    nextGuess=(lastGuess+(num/lastGuess))/2;
  }
  return lastGuess;
}

int N;

int main()
{
  scanf("%d", &N);
  printf("%.6lf\n", sqrt(N));

  return 0;
}
```

8. #include <stdio.h>

```
#include <stdlib.h>

bool isPrime(int num)
{
  if (num<2) return false;
  if (num<4) return true;
  for (int i=2; i*i < num;++i)
```

```
    if (num%i==0) return false;
  return true;
}

int N;

int main()
{
  scanf("%d", &N);
  if (isPrime(N)=false)
    printf("Yes\n");
  else
    printf("No\n");

  return 0;
}
```

9.
```
#include <stdio.h>
#include <stdlib.h>

int reverse(int number)
{
  int res=0;
  while (number)
  {
    res=res*10+number%10;
    number/=10;
  }
  return res;
}

int isPrime(int num)
{
  if (num<2) return 0;
```

```
  if (num<4) return 1;
  int i;
  for (i=2; i*i < num;++i)
    if (num%i==0) return 0;
  return 1;
}

int reversePrime(int num)
{
  int _num=reverse(num);
  if (isPrime(_num)&&isPrime(num))
    return 1;
  else
    return 0;
}

int N;

int main()
{
  scanf("%d", &N);
  if (reversePrime(N))
    printf("Yes\n");
  else
    printf("No\n");

  return 0;
}
```

10\.
```
#include <stdio.h>
#include <stdlib.h>

int isPrime(int num)
{
```

```
  if (num<2) return 0;
  if (num<4) return 1;
  int i;
  for (i=2; i*i<=num; ++i)
    if (num%i==0) return 0;
  return 1;
}

void twinPrime(int num)
{
  int i;
  for (i=5; i<=num; ++i)
    if (isPrime(i-2)&&isPrime(i)) printf("%d %d\n", i-2 , i);
}

int N;

int main()
{
  scanf("%d", &N);
  twinPrime(N);

  return 0;
}
```

11.
```
#include <stdio.h>
#include <stdlib.h>

int isPrime(long long num)
{
  if (num<2) return 0;
  if (num<4) return 1;
  long long i;
  for (i=2; i*i < num;++i)
```

```
    if (num%i==0) return 0;
  return 1;
}

void MersennePrime(int num)
{
  long long i;
  for (i=1; i<=num; ++i)
  {
    long long j=(1<<i)-1;
    if (isPrime(i)&&isPrime(j)) printf("%I64d %I64d\n", i, j);
  }
}

int N;

int main()
{
  scanf("%d", &N);
  MersennePrime(N);

  return 0;
}
```

12.
```
#include <stdio.h>
#include <stdlib.h>
#include <math.h>

const double eps=1e-8;
const int MaxN=111111;

int N, i;
int llist[111111];
```

```
double sqr(double x) {return x * x;}

double sqrt(double num)
{
   double lastGuess=num, nextGuess=(lastGuess+(num/lastGuess))/2;
   while (fabs(lastGuess-nextGuess)>eps)
   {
      lastGuess=nextGuess;
      nextGuess=(lastGuess+(num/lastGuess))/2;
   }
   return lastGuess;
}

double StandardDeviation(int n, int list[])
{
   double ave=0, std=0;
   int i;
   for (i=1; i<=n;++i) ave+=list[i];
   ave/=double(n);
   for (i=1; i<=n;++i) std+=sqr(list[i]-ave);
   return sqrt(std/double(n));
}

int main()
{
   scanf("%d", &N);
   for (i=1; i<=N;++i) scanf("%d", &llist[i]);
   printf("%.3lf\n", StandardDeviation(N, llist));

   system("pause");
   return 0;
}
```

13. #include <stdio.h>

```
#include <stdlib.h>

int dayOfTheWeek(int y, int m, int d)
{
  if (m<3) m+=12;
  int c=y/100;
  y%=100;
  return y+y/4+c/4-c-c+26*(m+1)/10+d-2;
}

int yyyy, mm, dd, w;

int main()
{
  scanf("%d %d %d", &yyyy, &mm, &dd);
  w=dayOfTheWeek(yyyy, mm, dd);
  if (w%7==0) printf("Sunday\n");
  if (w%7==1) printf("Monday\n");
  if (w%7==2) printf("Tuesday\n");
  if (w%7==3) printf("Wednesday\n");
  if (w%7==4) printf("Thursday\n");
  if (w%7==5) printf("Friday\n");
  if (w%7==6) printf("Saturday\n");

  return 0;
}
```

14.
```
#include <stdio.h>
#include <stdlib.h>

const int MaxN=111;

bool Matrix(int r, int c, int list[][MaxN])
{
```

```
  for (int i=1; i<=r;++i)
    for (int j=1; j<=c;++j)
      if (list[i][j]!=0&&list[i][j]!=1) return false;
  return true;
}

int N, M, list[MaxN][MaxN];

int main()
{
  scanf("%d %d", &N, &M);
  for (int i=1; i<=N;++i)
    for (int j=1; j<=M;++j)
      scanf("%d", &list[i][j]);
  if (Matrix(N, M, list[i][j]))
    printf("Yes\n");
  else
    printf("No\n");

  return 0;
}
```

第10章 指 针

1.
```
#include <iostream>
using namespace std;

int a,*p,x,y,z;

int main() {

    p=&a;
    cin >>x>>y>> z;
    a=x;
    cout <<a<< " " <<*p<< endl;
    a=y;
    cout <<a<< " " <<*p<< endl;
    *p=z;
    cout <<a<< " " <<*p<< endl;
    return 0;
}
```

2.
```
#include <iostream>
using namespace std;

int a[100];

int main() {

    int k, x;
    cin >> k >> x;
```

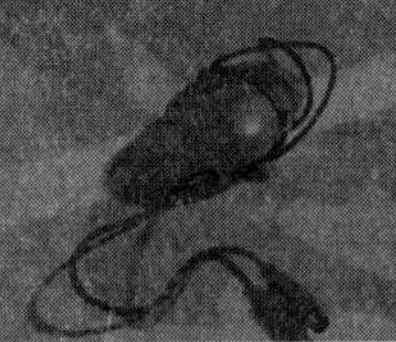


```
        a[k]=x;
        cout << a[k] << " " << *(a+k) << endl;
        *(a+k)=-x;
        cout << a[k] << " " << *(a+k) << endl;
        return 0;
    }
```

3.
```
#include <iostream>
using namespace std;

int a[100], *p;

int main() {
    int n;
    cin >> n;
    for (int i=0;i<n;i++) a[i]=i;
    p=a;

    for (int i=0;i<n;i++)
        cout << p[i] << endl;
    for (int i=0;i<n;i++) p[i]=n-i-1;
    for (int i=0;i<n;i++)
        cout << a[i] << endl;
    return 0;
}
```

4.
```
#include <iostream>
using namespace std;

int a[100], b[100], *p, *q, n;

int main()
    {
```

```
    cin >> n;
    p=a;
    q=b;
    for (int i=0;i<n;i++)
        {
        a[i]=1;
        b[i]=-1;
    }

    int *r=p;
    p=q;
    q=r;
    for (int i=0;i<n;i++)
        cout << p[i] << " " << q[i] << endl;
    return 0;
}
```

5.
```
#include <iostream>
using namespace std;

void swap(int &a, int &b)
    {
    int c=a;
    a=b;
    b=c;
}

int main()
    {

    int a, b;
    cin >> a >> b;
    swap(a, b);
    cout << a << " " << b << endl;
```

```
    return 0;
}
```

6.
```
#include <iostream>
using namespace std;

struct node
    {
    int d;
    node *nxt;
};

int main()
    {

    int n;
    cin >> n;
    node *h=new node;
    node *q=h;
    for (int i=1;i<=n;i++)
        {
        node *p=new node;
        p->d=i; p->nxt=NULL;     q->nxt=p;
        q=p;
    }

    for (q=h->nxt;q! =NULL;q=q->nxt)
        cout << q->d << " " ;

    cout << endl;
    return 0;
}
```

7.
```
#include <iostream>
```

```
using namespace std;

struct node
    {
    int d;
    node *nxt;
};

int main()
    {

    int n;
    cin >> n;
    node *h=new node;
    node *q=h;
    for (int i=2;i<=n-1;i++) {
        node *p=new node;
        p->d=i; p->nxt=NULL;     q->nxt=p;
        q=p;
    }

    node *p=new node;
    p->d=1; p->nxt=h->nxt;
    h->nxt=p;

    p=new node;
    p->d=n; p->nxt=NULL;
    q->nxt=p;

    for (q=h->nxt;q!=NULL;q=q->nxt)
        cout << q->d << " " ;

    cout << endl;
    return 0;
```

```
}
```

8.
```
#include <iostream>
using namespace std;

struct node {
    int d;
    node *nxt;
};

int main()
    {

    int n;
    cin >> n;
    node *h=new node;
    node *q=h;
    for (int i=1;i<=n;i++)
        {
        node *p=new node;
        p->d=i; p->nxt=NULL;     q->nxt=p;
        q=p;
    }
    q->nxt=h->nxt;

    int cnt=0;
    for (q=h->nxt;cnt++<20;q=q->nxt)
        cout << q->d << " " ;

    cout << endl;
    return 0;
}
```

9.
```
#include <iostream>
```

```
using namespace std;

struct node
    {
    int d;
    node *nxt;
};

int main()
    {

    int n,k;
    cin >> n >> k;
    node *h=new node;
    node *q=h;
    for (int i=1;i<=n;i++)
        {
        node *p=new node;
        p->d=i; p->nxt=NULL;     q->nxt=p;
        q=p;
    }
    q->nxt=h->nxt;

    node *p=q;  q=q->nxt;
    while (q->nxt! =q)
        {
        for (int i=2;i<=k;i++)
            {
            q=q->nxt;
            p=p->nxt;
        }
        p->nxt=q->nxt;  q=p->nxt;
    }
```

```
    cout << q->d << endl;
    return 0;
}
```

10.

```
#include <iostream>
using namespace std;

struct node {
    int d;
    node *nxt;
};

int main() {

    int n1, n2;
    cin >> n1 >> n2;
    node *h1=new node, *h2=new node;
    node *q=h1;
    for (int i=1;i<=n1;i++) {
        int s;  cin >> s;
        node *p=new node;
        p->d=s; p->nxt=NULL;     q->nxt=p;
        q=p;
    }
    q=h2;
    for (int i=1;i<=n2;i++) {
        int s;  cin >> s;
        node *p=new node;
        p->d=s; p->nxt=NULL;     q->nxt=p;
        q=p;
    }

    node *h=new node;
```

```
    q=h;
    node *p1=h1->nxt, *p2=h2->nxt;
    while (p1!=NULL&&p2!=NULL) {
        node *p=new node;
        p->nxt=NULL;     q->nxt=p;
        if (p1->d<p2->d) { p->d=p1->d; p1=p1->nxt; }
          else { p->d=p2->d; p2=p2->nxt; }
        q=p;
    }
    if (p2!=NULL) p1=p2;
    while (p1!=NULL) {
        node *p=new node;
        p->d=p1->d; p->nxt=NULL;
        q->nxt=p;
        q=p;
        p1=p1->nxt;
    }

    int cnt=0;
    for (q=h->nxt;q!=NULL;q=q->nxt)
        cout << q->d << " " ;
    cout << endl;
    return 0;
}
```

11.
```
#include <iostream>
using namespace std;

struct node {
    int d;
    node *nxt;
};

int Prime(int x) {
```

```
    if(x==1)return 0;
    for (int i=2;i<x;i++)
        if (x%i==0) return 0;
    return 1;
}

int main() {

    int n;  cin >> n;
    node *h=new node;
    node *q=h;
    for (int i=1;i<=n;i++) {
        node *p=new node;
        p->d=i; p->nxt=NULL;    q->nxt=p;
        q=p;
    }

    q=h->nxt;   node *p=h;
    while (q! =NULL) {
        if (! Prime(q->d)) {
            p->nxt=q->nxt;
            q=q->nxt;
        }
        else {
            p=p->nxt;
            q=q->nxt;
        }
    }

    for (q=h->nxt;q! =NULL;q=q->nxt)
        cout << q->d << " " ;
    cout << endl;
    return 0;
}
```

12.
```
#include <iostream>
using namespace std;

char s[120];

int main() {

    cin >> s;
    int len=strlen(s);
    for (int i=0;i<len/2;i++)
        swap(s[i], s[len-i-1]);
    cout << s << endl;
    return 0;
}
```

13.
```
#include <iostream>
using namespace std;

int main() {

    char s[120];
    cin >> s;

    int x=0;
    for (int i=0;i<strlen(s);i++)
        x=x*10+s[i]-48;

    cout << x << endl;
    return 0;
}
```

14.
```
#include <iostream>
using namespace std;
```

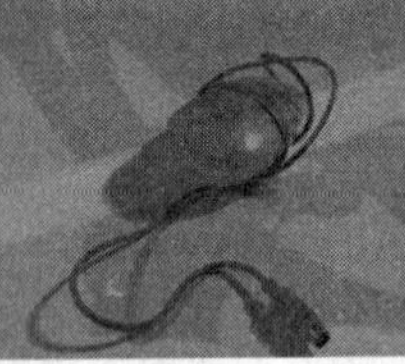


```
struct node {
    int d;
    node *nxt;
} *g[120];

int n, m;

int main() {

    cin >> n >> m;
    for (int i=1;i<=n;i++) {
        g[i]=new node;  g[i]->nxt=NULL;
        node *q=g[i];
        for (int j=1;j<=m;j++) {
            char c;
            while (!isdigit(c=getchar()))
            if (c=='1') {
                node *p=new node;
                p->d=j; p->nxt=NULL;
                q->nxt=p;   q=p;
            }
        }
    }

    for (int i=1;i<=n;i++) {
        node *p=g[i]->nxt;
        while (p!=NULL) {
            cout << p->d << " ";
            p=p->nxt;
        }
        cout << endl;
    }
    return 0;
}
```

第11章 基本数据结构及应用

1.

```
#include<stdlib.h>
typedef struct node node, *link;
struct node{
    int data;
    link next;
}

link head, tail, p, v;
bool isPrime(int num)
{
  if (num<2) return false;
  if (num<4) return true;
  for (int i=2;i*i<=num;++i)
    if (num%i==0) return false;
  return true;
}

int main(){
    int x;
    head=NULL; tail=NULL;
    do{
        scanf("%d", &x);
        if (x==0) break;
        p=(link)malloc(sizeof(node));
        p->data=x;
        p->next=NULL;
        if (head==NULL){
```

```
            head=p;
            tail=p;
        }
        else{
            tail->next=p;
            tail=p;
        }
    } while (x!=0);
    while (isPrime(head->data)) {
    p=head; head=head->next;
    free(p);
    }
    printf("%d", head->data);
    for (p=head;p->next!=NULL;p=p->next) {
    v=p->next;
    while (v!=NULL&&isPrime(v->data)) {
        p->next=v->next; free(v);
        v=p->next;
      }
        if (v!=NULL) printf("%d", v->data);
        }
      return 0;
    }
```

2.

```
#include<stdlib.h>
typedef struct node node, *link;
struct node{
    int data1, data2;
    link next;
} *head, *tail, *p, *cur, *v;

link head, tail, p, cur, v;
```

```
int main(){
    int x, y;
    head=NULL; tail=NULL;
    do{
        scanf("%d %d", &x, &y);
        if (y==0) break;
        p=(link)malloc(sizeof(node));
        p->data1=x; p->data2=y;
        p->next=NULL;
        if (head==NULL){
            head=p;
            tail=p;
        }
        else{
            tail->next=p;
            tail=p;
            }
} while (x!=0);
scanf("%d %d", &x, &y);
while (x>head->data1) {
      p=(link)malloc(sizeof(node));
      p->data1=x; p->data2=y;
      p->next=head;
head=p;
scanf("%d %d", &x, &y);
  }
  cur=head;
  while (y!=0) {
    v=cur;
    while(cur!=NULL&&cur->data1>x)
    {v=cur;cur=cur->next;}
    if (cur->data1==x)
      cur->data2+=y;
    else {
```

```
        p=(link)malloc(sizeof(node));
        p->data1=x; p->data2=y;
        p->next=cur;
        v->next=p;
        cur=v;
      }
      scanf("%d %d", &x, &y);
    }
    for (p=head; p!=NULL; p=p->next)
      if (p->data2!=0)
        printf("%d %d\n", p->data1, p->data2);
    return 0;
}
```

3.

```
#include <stdio.h>
#include <stdlib.h>

const int MaxN=111111;

struct node
{
    int data, next;
} list[MaxN];

int x, tail=0, size=0;

int main()
{
    while (scanf("%d", &x)!=-1)
    {
      list[++size].data=x; list[size].next=0;
      if (tail==0)
        tail=size;
```

```
    else {
        list[tail].next=size;
        tail=size;
    }
  }
  return 0;
}
```

4.

```
#include <stdio.h>
#include <stdlib.h>

typedef struct _btree {
  int v;
  struct _btree *l;
  struct _btree *r;
} *btree, *node;

node Insert(btree r, int v)
{
  node t, p, n;
  t=(node)malloc(sizeof(struct _btree)) ;
  t->v=v;
  t->l=t->r=NULL;

  p=NULL, n=*r;
  while(n) {
    p=n;
    n=v < n->v?n->l:n->r;
  }
  if (p) {
    if (v < p->v) {
      p->l=t;
    } else {
```

```
        p->r=t;
      }
    } else {
      *r=t;
    }
    return t;
}

node Create(int *beg, int *end)
{
    node root;
    root=NULL;
    while(beg!=end)
    Insert(&root, *beg++);
    return root;
}

int Count(node root)
{
    int l, r;
    if ( root!=NULL ) {
      l=Count( root->l );
      r=Count( root->r );
      return l+r+1;
    } else {
      return 0;
    }
}
int main( )
{
    node root=NULL;
    int n, i, t;
    scanf("%d", &n);
    for (i=0; i<n; ++i) {
```

```
        scanf("%d", &t);
        Insert(&root , t);
    }
    printf("%d\n", Count( root ));
    return 0;
}
```

5.

```
char s1[30], s2[30], s3[30], * p=s3 , L;

char work(char  * s1 , char  * s2 , char len){
    char  * r=strchr(s1 , s2[len-1]);  /* 在中序遍历中找到根结点 */
    * p++=s2[len-1];  /* 输出根结点 */
    if (r>s1) work(s1 , s2 , r-s1);  /* 输出左子树的先序遍历结果 */
    if (r+1<s1+len) work(r+1 , s2+(r-s1), s1+len-r-1);  /* 输出右子树的先序遍历结果 */
}
int main(){
    gets(s1);
    gets(s2);
    L=strlen(s1);
    work(s1 , s2 , L);
    puts(s3);
    return 0;
}
```

6.

```
#include <stdio.h>
#include <stdlib.h>

const int MaxN=111111;

int stack[MaxN], top;
```

```
bool check()
{
  char ch;
  top=0;
  while (ch=getchar())
  {if (ch!='('&&ch!=')') break;
    if (ch=='(')
      stack[++top]=1;
    else
      --top;
    if (top < 0) return false;
  }
  return top==0;
}

int main()
{
  if (check())
    printf("Yes! \n");
  else
    printf("No! \n");
  return 0;
}
```

7.

```
int a[50010], size=0 , t;

void up(int s){
    while (s>1 && a[s]<a[s/2]){
        t=a[s];a[s]=a[s/2];a[s/2]=t;
        s/=2;
    }
}
void down(int s){
```

```
    int m=s;
    while (m==s){
        if (s*2<=size && a[s*2]<a[m]) m=s*2;
        if (s*2<size && a[s*2+1]<a[m]) m=s*2+1;
        if (m==s) return;
        t=a[s];a[s]=a[m];a[m]=t;
        s=m;
    }
}
void push(int x){
    a[++size]=x;
    up(size);
}
void pop(){
    a[1]=a[size--];
    if (size>1) down(1);
}
int top(){return a[1];}

int main(){
    int i, n, x;
    scanf("%d", &n);
    for (i=1;i<=n;i++){
        scanf("%d", &x);
        push(x);
    }
    for (i=1;i<n;i++){
        x=top(); pop();
        printf("%d", x);
    }
    printf("%d\n", top());
    return 0;
}
```

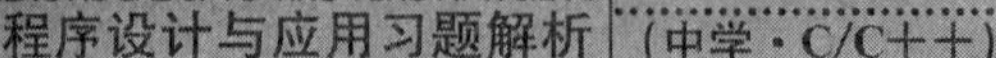

8.

```
#include <stdlib.h>
typedef struct node node, *link;
struct node{
    int data;
    link left, right;
};
link root=NULL, p;

int i, a[]={3, 5, 9, 1, 8, 0, 2, 7, 4, 6};

void insert(int data){
    p=(link)malloc(sizeof(node));
    p->data=data;
    p->left=NULL;
    p->right=NULL;
    if (root==NULL){
        root=p;
        return;
    }
    link tmp=root;
    while (tmp->left!=p&&tmp->right!=p){
        if (data<=tmp->data){
            if (tmp->left==NULL)
                tmp->left=p;
            else tmp=tmp->left;
        }else{
            if (tmp->right==NULL)
                tmp->right=p;
            else tmp=tmp->right;
        }
    }
}
void print(link x){
```

```
    if (x==NULL) return;
    print(x->left);
    printf("%d", x->data);
    print(x->right);
}

int main( ){
    for (i=0;i<10;i++)
        insert(a[i]);
    print(root);
    return 0;
}
```

9.

```
#include <stdio.h>
#include <stdlib.h>
#include <string.h>

int N;
char c1[1111], c2[1111];

int check(int fl, int fr, int ll, int lr) {
    if (fl > fr) return 1;
    if (c1[fl] != c2[lr]) return 0;
    int i, j, cc=0;
    for (i=fl+1; i<=fr; ++i) {
        cc=0;
        for (j=ll; j < lr; ++j)
            if (c1[i]==c2[j]) cc=1;
        if (!cc) return 0;
    }
    return 1;
}
```

```
int calc(int fl, int fr, int ll, int lr) {
    if (fl >= fr) return 1;
    int len=fr-fl+1, cnt=0, i=len-1;
    for (;i >=0;--i) {
        if (check(fl+1, fl+i, ll, ll+i-1) && check(fl+i+1, fr, ll+i, lr-1))
            cnt+=calc(fl+1, fl+i, ll, ll+i-1) * calc(fl+i+1, fr, ll+i, lr-1);
    }
    return cnt;
}

int main() {
    scanf("%s", c1);
    scanf("%s", c2);
    N=strlen(c1);
    printf("%d\n", calc(0, N-1, 0, N-1));

    return 0;
}
```

10.

```
int a[50010], size=0, t;

void up(int s){
    while (s>1 && a[s]>a[s/2]){
        t=a[s];a[s]=a[s/2];a[s/2]=t;
        s/=2;
    }
}
void down(int s){
    int m=s;
    while (m==s){
        if (s*2<=size && a[s*2]>a[m]) m=s*2;
```

```
        if (s*2<size && a[s*2+1]>a[m]) m=s*2+1;
        if (m==s) return;
        t=a[s];a[s]=a[m];a[m]=t;
        s=m;
    }
}
void push(int x){
    a[++size]=x;
    up(size);
}
void pop( ){
    a[1]=a[size--];
    if (size>1) down(1);
}
int top( ){return a[1];}

int main( ){
    int n, x, y, i, ans=0;
    scanf("%d", &n);
    for (i=1;i<=n;i++){
        scanf("%d", &x);
        push(x);
    }
    for (i=1;i<n;i++){
        x=top( ); pop( );
        y=top( ); pop( );
        ans+=x+y;
        push(x+y);
    }
    printf("%d\n", ans);
    return 0;
}
```

第12章 常用算法介绍

1.

```
#include <stdio.h>
#include <stdlib.h>

const int MaxN=111;
int N , ave=0 , cnt=0 , card[MaxN];

int main()
{
  scanf("%d", &N);
  for (int i=1; i <=N;++i)
  {
    scanf("%d", card+i);
    ave+=card[i];
  }
  ave/=N;
  for (int i=1; i < N;++i)
    if (card[i]!=ave)
    {
      ++cnt;
      card[i+1]+=card[i]-ave;
    }
  printf("%d\n", cnt);
    return 0;
}
```

2.

```
#include <stdio.h>
```

```
#include <stdlib.h>
#define max 8
int queen[max], sum=0;/* max 为棋盘最大坐标 */

void show( )/*输出所有皇后的坐标 */
{
    int i;
    for(i=0; i<max; i++)
    {
        printf("(%d,%d)",i,queen[i]);
    }
    printf("\n");
    sum++;
}

int check(int n)/*检查当前列能否放置皇后 */
{
    int i;
    for(i=0; i<n; i++)/*检查横排和对角线上是否可以放置皇后 */
    {
        if(queen[i]==queen[n] || abs(queen[i]-queen[n])==(n-i))
        {
            return 1;
        }
    }
    return 0;
}

void put(int n)/*回溯尝试皇后位置,n 为横坐标 */
{
    int i;
    for(i=0; i<max; i++)
    {
        queen[n]=i;/*将皇后摆到当前循环到的位置 */
```

```
            if(!check(n))
            {
                if(n==max-1)
                {
                    show( );/*如果全部摆好,则输出所有皇后的坐标 */
                }
                else
                {
                    put(n+1);/*否则继续摆放下一个皇后 */
                }
            }
        }
}

int main()
{
    put(0);/*从横坐标为0开始依次尝试 */
    printf("%d", sum);
    return 0;
}
```

3.

```
#include <stdio.h>
#include <stdlib.h>

#define TRUE 1
#define FALSE 0

//跳跃的八个方向
//(a[i], b[i])对应一种跳法
int a[8]={2,1,-1,-2,-2,-1,1,2};
int b[8]={1,2,2,1,-1,-2,-2,-1};

int h[111], res=0;
```

```
int m , n;

char success;
char success1;

//i:第 i 次跳跃;x , y:当前横、纵坐标;
void Try(int i , int x , int y)
{
 int next;
 int xNext , yNext;//下一步的横、纵坐标

printf("begin the %d step\n", i);
 for (next=0;next<8;next++) {
  xNext=x+a[next];
  yNext=y+b[next];

 if ( xNext>=0 && xNext<m && yNext>=0 && yNext<n) {
    if ( h[xNext * n+yNext]==0 ) {
     //0 表示该 x,y 未经过,故将其赋给 i
     h[xNext * n+yNext]=i;

if (i < m * n) {
       Try(i+1 , xNext , yNext);
     }
     else {
     ++res;
     }
     h[xNext * n+yNext]=0;
    }

   }
  }
}
```

```
int main()
{
 int x, y;
scanf("%d %d", &m, &n);
 x=0;
 y=0;/*从(x, y)起跳*/
h[0]=1;
res=0;
 Try(2, x, y);
printf("%d\n", res);
    return 0;
}
```

4.

```
#include<stdio.h>
#define MaxSum 300

int main()
{
int i, j;
int m, n;
int aLoop[MaxSum];
int nPtr, nCounted;

while(scanf("%d %d", &n, &m)&&m!=0&&n!=0)
{

   for(i=0 ;i<n;i++)
   {
    aLoop[i]=1;
   }

   nPtr=0;
```

```
    for(i=0; i<n;i++)/*不断地数*/
    {
     nCounted=0;

    for(j=nPtr;nCounted<m;j=(j+1)%n)
     {
      if(aLoop[j]==1)
      {
       nCounted++;
      }

       if(nCounted==m)/*数到第m个时,将其剔除,此处标记为0*/
      {
       aLoop[j]=0;
       nPtr=(j+1)%n;
      }
     }

       if(i==n-1)/*直到只剩下一个猴子时*/
     {
       /*获得该猴子的编号*/
      nPtr=(nPtr+n-1)%n;
       nPtr++;
       printf("%d\n", nPtr);
     }
    }/*end for i*/

}

return 0;
}
```

5.

```
int search(int *a, int n, int x)
```

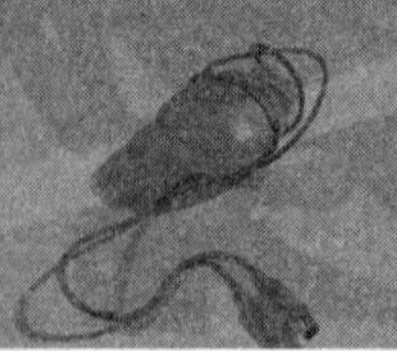


```
{
  int low=0,high=n-1,mid,flag=-1;
  while(low<=high)
  {
    mid=(low+high)/2;
    if(a[mid]==x) return mid;
    else if(a[mid]>low)  low=mid+1;
         else  high=mid-1;
  }
  return flag;
}
```

6.

```
#include <stdio.h>
#include <stdlib.h>
void qselect(int a[],int l,int r,int k){
    int x=a[(l+r)/2],i=l,j=r,tmp;
    do{
        while (a[i]<x) i++;
        while (x<a[j]) j--;
        if (i<=j){
            tmp=a[i];
            a[i]=a[j];
            a[j]=tmp;
            i++; j--;
        }
    }while (i<=j);
    if ((I+J)/2==k)
    {printf("%d\n",a[k]);return;}
    if (k<j) qselect(a,l,j,k);
    else qselect(a,i,r,k);
}

int n,k,a[111];
```

```
int main(){
    scanf("%d %d", &n, &k);
    for(int i=0;i<n;i++)   scanf("%d", &a[i]);
    qselect(a, 0, n-1, k-1);
    return 0;
}
```

7.

```
#include <stdio.h>
#include <stdlib.h>
int s[1000], sum=0;   /* 申请全局变量,在归并中使用 */
void merge_sort(int A[], int l, int r){
    if (l==r) return;
    int mid=(l+r)/2;
    /* 先将数组 A 分成两段,分别排序 */
    merge_sort(A, l, mid);
    merge_sort(A, mid+1, r);
    /* 将数组 A 前后两部分归并起来 */
    memcpy(s+l, A+l, (r-l+1) * sizeof(int));   /* 复制到临时数组 s 中 */
    int p1=l, p2=mid+1, p=l;
    while (p1<=mid && p2<=r){   /* 前后两段都有未处理的数 */
        if (s[p1]<=s[p2])
            {sum+=p2-mid-1; A[p++]=s[p1++];}
        else A[p++]=s[p2++];
    }
    while (p1<=mid) {A[p++]=s[p1++]; sum+=r - mid;}   /* 左边有剩余 */
    while (p2<=r) A[p++]=s[p2++];   /* 右边有剩余 */
}

int a[]={49, 38, 65, 55, 76, 13, 27};

int main(){
```

```
    merge_sort(a , 0 , 6);
    int i;
    for (i=0;i<=6;i++)
    printf("%d", a[i]);
    printf("\n%d\n", sum);
    return 0;
}
```

8.

```
#include <stdio.h>
#include <stdlib.h>

const int Mod=999983;
int N , A[222];

int main()
{
  scanf("%d", &N);
  A[0]=0;
  for (int i=1; i <=N; ++i)
    A[i]=(A[i-1] * 2+2)%Mod;
  printf("%d\n", A[N]);
    return 0;
}
```

9.

```
#include <stdio.h>
#include <stdlib.h>

int t , w , i , j , k;
int A[1111], f[1111][33][3];

int max(int x , int y) {return x>y?x:y;}

int main( )
```

```
{
  scanf("%d %d", &t, &w);
  for (i=1; i <=t;++i)
    scanf("%d", &A[i]);
  memset(f, 0, sizeof(f));
  for (i=1; i<=t;++i)
    for (j=0; j<=w;++j)
      for (k=1; k<=2;++k)
      {
        f[i][j][k]=f[i-1][j][k];
        if (j)
          f[i][j][k]=max(f[i][j][k], f[i-1][j-1][3-k]);
        f[i][j][k]+=(A[i]==k);
      }
  printf("%d\n", max(f[t][w][1], f[t][w][2]));
    return 0;
}
```

10.

```
#include <stdio.h>
#include <stdlib.h>

int n, m, i, j;
int c[111][111], s[111][111];

int max(int x, int y) {return x>y?x:y;}

int main()
{
  scanf("%d %d", &n, &m);
  for (i=1; i<=n;++i)
    for (j=1; j<=m;++j)
    {
      scanf("%d", &c[i][j]);
      s[i][j]=max(s[i-1][j], s[i][j-1])+c[i][j];
    }
```

```
  printf("%d\n", s[n][m]);

  return 0;
}
```

11.

```
#include <stdio.h>
#include <stdlib.h>

int counter=0;
int ELENUM;

void  stack_seq(int n, int m)
{
 if(n==0)
 {
  counter++;
  return;
 }
 if(m==0)
 {
  stack_seq(n-1, 1);
  return;
 }
 stack_seq(n-1, m+1);
 stack_seq(n, m-1);
}

int main(void)
{
scanf("%d", & ELENUM);
 stack_seq(ELENUM, 0);
 printf("%d\n", counter);
 return 0;
}
```

12.

```
#include <stdio.h>
#include <stdlib.h>

int n, i, j;
int price[111], cost[111];

int main()
{
  scanf("%d", &n);
  for (i=1; i<=n; ++i)
    scanf("%d", &price[i]);
  for (i=1; i<=n; ++i)
  {
    cost[i]=1 << 30;
    for (j=1; j<=i; ++j)
      if (cost[i-j]+price[j]<cost[i])
        cost[i]=cost[i-j]+price[j];
  }
  printf("%d\n", cost[n]);
  return 0;
}
```

13.

```
#include <stdio.h>
#include <stdlib.h>
#include <string.h>

char ch;
int i, s=0, n=0;

int main()
{
  while (ch=getchar())
  {
    if(ch!='('&& ch!=')') break;
```

```
    if (ch=='(')++s;
    if (ch==')')--s;
    if (s<0)
    {
      ++n;++s;++s;
    }
  }
  printf("%d\n", n+s/2);
  return 0;
}
```

14.

```
#include <stdio.h>
#include <stdlib.h>

int n , i , j , maxlen=0;
int num[1111], len[1111];

int main()
{
  scanf("%d", &n);
  for (i=1; i <=n;++i)
  {
    scanf("%d", &num[i]);
    len[i]=0;
    for (j=1; j < i;++j)
      if (num[i] >=num[j] && len[i] < len[j])
        len[i]=len[j];
    ++len[i];
    if (len[i] > maxlen) maxlen=len[i];
  }
  printf("%d\n", maxlen);
  return 0;
}
```

15.

```
#include <stdio.h>
#include <stdlib.h>

int n, m, i, j;
int A[1111], B[1111], s[1111][1111];

int max(int x, int y) {return x>y?x:y;}

int main()
{
  scanf("%d %d", &n, &m);
  for (i=1; i <=n;++i)
    scanf("%d", &A[i]);
  for (i=1; i <=m;++j)
    scanf("%d", &B[i]);
  for (i=1; i <=n;++i)
    for (j=1; j <=m;++j)
      if (A[i]==B[j])
        s[i][j]=s[i-1][j-1]+1;
      else
        s[i][j]=max(s[i-1][j], s[i][j-1]);
  printf("%d\n", s[n][m]);
  return 0;
}
```

参考文献

1. [美]Brian W. Kernighan, Dennis M. Ritchie 著. The C Programming Language (Second Edition). Peentice-Hall,1988
2. [美]Gary J. Bronson 著;单先余,陈芳,张蓉等译. 标准 C 语言基础教程(第 4 版). 北京:电子工业出版社,2006
3. [美]Samuel P. Harbison Ⅲ, Guy L. Steele Jr. 著. C 语言参考手册(第 5 版)(英文版). 北京:人民邮电出版社,2007
4. [美]Jeri R. Hanly, Elliot B. Koffman 著;万波、潘蓉、郑海红译. C 语言详解(第 5 版). 北京:人民邮电出版社,2007
5. [美]Thomas H. Cormen, Charles E. Leiserson, Ronald L. Rivest and Clifford Stein 著. Introduction to Algorithms (Second Edition). MIT Press,2001
6. 刘汝佳编著. 算法竞赛入门经典. 北京:清华大学出版社,2009